U0318419

文冠果栽培实用技术

张东旭◎著

东北林业大学出版社
Northeast Forestry University Press
·哈尔滨·

版权专有　侵权必究

举报电话：0451-82113295

图书在版编目（CIP）数据

文冠果栽培实用技术 / 张东旭著 . — 哈尔滨：
东北林业大学出版社 , 2022.10
　　ISBN 978-7-5674-2892-8

　Ⅰ . ①文… Ⅱ . ①张… Ⅲ . ①文冠果—栽培技术
Ⅳ . ① S565.9

　中国版本图书馆 CIP 数据核字（2022）第 192216 号

责任编辑： 任兴华

策划编辑： 董　美

封面设计： 马静静

出版发行： 东北林业大学出版社

　　　　　　（哈尔滨市香坊区哈平六道街 6 号　邮编：150040）

印　　装： 北京亚吉飞数码科技有限公司

开　　本： 787 mm×1092 mm　1/16

印　　张： 15.75

字　　数： 249 千字

版　　次： 2023 年 6 月第 1 版

印　　次： 2023 年 6 月第 1 次印刷

书　　号： ISBN 978-7-5674-2892-8

定　　价： 62.00 元

如发现印装质量问题,请与出版社联系调换。（电话：0451-82113296　82191620）

前　　言

　　文冠果是中国特有的古代物种,是第三纪(约6 500万年前)被子植物繁盛时期遗留下来的。自1 200多年前的唐代以来,中国劳动人民对文冠果的形态特征、栽培技术、经济价值等方面都有了一定的了解。20世纪60年代初,由于人民群众对食用油的巨大需求,中国组织专家考察木本粮油植物资源,并开始对其进行规模化栽培和开发利用,文冠果开始进入政府和学者的视野。1975年春,北京科学教育电影制片厂拍摄了科教宣传片《文冠果》来宣传文冠果产业。国内掀起一轮文冠果引种和栽培的热潮。

　　21世纪以来,随着能源危机与粮食危机出现的可能性增大,国家乃至社会各界越来越重视非粮生物质能源的发展。"十一五"期间,科技部将野生油料植物(文冠果、麻风树、黄连木、油桐等)开发和生物柴油技术发展列入国家"863"计划和科技攻关计划。国家林业局颁布的《林业发展"十一五"和中长期规划》和《林业发展"十二五"规划》,把建设文冠果等"生物质能源林"作为北方地区今后发展的重点。由此在国内掀起了新一轮文冠果的研究、引种和栽培的热潮,文冠果被"再发现"。与油茶(*Camellia oleifera*)和油橄榄(*Olea europaea*)相比,文冠果具有亩产高、出油率高、油的品质好(不饱和脂肪酸占94%,其中神经酸占2%~4%)等优势。2014年国务院办公厅发布的《关于加快木本油料产业发展的意见》(国办发〔2014〕68号)文件和《林业发展"十三五"规划》,把文冠果增列为木本食用油料树种。文冠果在我国北方地区有了更大的发展舞台和产业潜力。

　　自从文冠果在我国被"再发现"以来,关于文冠果方面的著作也层出不穷,客观上推动了文冠果"产学研"的发展。1976年,辽宁省昭乌达盟科技局非正式出版了第一部文冠果专著——《文冠果》。1977 年，内蒙古农牧学院林学系编著的《文冠果》图书，由内蒙古人民出版社正式出版。1986 年，文冠果研究领域的老前辈徐东翔先生，出版了自己的第一部学术专著《文冠果丰产生理学问题》。2008 年，徐东翔先生根据自己多年的文冠果研究与栽培实践，出版了学术专著《文冠果研究与实践》。2010 年，徐东翔先生又根据自己团队多年积累的研究资料并结合国内外最新研究文献，出版了《文冠果生物学》这部杰出著作。2009 年，吉林省林学会王志新等主编的《文冠果林栽培技术》是国内第一部专门针对文冠果栽培技术的图书。2010 年，北京林业大学的李博生教授出版了《文冠果丰产栽培实用技术》，系统总结了文冠果栽培领域的关键技术。2013 年，中国林业科学研究院经济林研究所的侯元凯先生，出版了自己的学术专著《文冠果种实性状与引种栽培研究》。2021 年，北京林业大学的敖妍副教授编著了《文冠果实用栽培技术》。2022 年，大连民族大学的阮成江教授也出版了自己的学术专著《文冠果丰产栽培管理技术》。文冠果领域相关著作的陆续面世，对文冠果学术研究及产业发展起到了重要的推动作用。

虽然近年来文冠果的发展趋势逐渐放缓，但文冠果产业的可持续发展不会停止。高产栽培技术的应用和推广是实现文冠果综合利用价值的前提。文冠果高产栽培全过程需要综合运用各种技术。只有这样，文冠果树才能在合适的环境中获得高产种子。从这一观点出发，本书结合生产实践，介绍了文冠果的自然分布及经济价值，文冠果的形态特征与生物学特性，文冠果良种繁育技术，文冠果良种建园技术，文冠果种植林地管理技术，文冠果修剪与花果管理技术，文冠果采收、贮藏与加工技术，文冠果灾害的防治技术，内容与生产实践紧密结合，实用性强。希望读者在生产实践中能够根据当地气候特点、土壤类型和生产条件灵活应用。在掌握基本原理和遵循技术原理的基础上，读者可以类比理解。

在本书的撰写过程中，作者不仅参阅、引用了很多国内外相关文献资料，而且得到了国内文冠果研究同仁和朋友的鼎力相助，在此一并表示衷心的感谢。由于作者水平有限，书中疏漏之处在所难免，恳请同行专家以及广大读者批评指正。

作　者
2022 年 8 月

目　　录

第一章

文冠果的自然分布及经济价值

　　文冠果是我国特有的古老树种，它的栽培历史悠久，研究开发利用文冠果资源有重要的价值和意义。文冠果品种发展现状是怎样的？我国哪些地方有它的分布？它究竟有什么价值？当前文冠果栽培存在哪些问题？这些是本章要介绍的内容。

第一节　文冠果品种发展现状

　　文冠果（*Xanthoceras sorbifolium* Bunge）属无患子科文冠果属单型种，文冠果属（Xanthoceras）为中国特有。文冠果为亚乔木，树皮灰色，有直裂。叶互生，奇数羽状复叶，叶缘具锐齿。花为总状花序，多为两性花，花期4~5月。文冠果为强阳性、垂直肉质深根系树种，耐旱、耐碱、耐贫瘠；抗虫性好，不能积水，在多石山地、黄土丘陵、沟壑、撂荒地以及沙荒地等处均能生长发育。野生的文冠果多呈灌木状，分布于海拔900~2 000 m的黄土丘陵和山地陡崖处。[1] 文冠果分布在北纬32°~46°，东经100°~127°[2]，范围覆盖辽宁—北京—山东—山西—安徽—河南—陕西—甘肃—青海—西藏一线以西以北地区，主要天然分布于青藏高原与黄土高原、黄土高原与蒙古高原、蒙古高原与华北、东北平原的接合部，其中，在陕北、晋西北的黄土高原中相对集中分布于丘陵沟壑、高原沟壑、土石低山等地貌类型。[3]

一、主要栽培地区多

　　20世纪60年代开始，文冠果作为油料树种大面积栽培。21世纪以来，随着能源危机与粮食危机出现的可能性增大，国家乃至社会各界越来越重视非粮生物质能源的发展。"十一五"期间，科技部将野生油料植物（文冠果、麻风树、黄连木、油桐等）开发和生物柴油技术发展

1　张东旭，敖妍，马履一. 山西省文冠果的栽培历史及研究现状 [J]. 北方园艺，2014（9）：192-195.

2　张洪梅，周泉城. 文冠果壳开发利用研究进展 [J]. 中国粮油学报，2012，27（11）：118-121.

3　Wang Q，Yang L，Ranjitkar S，et al. Distribution and in situ conservation of a relic Chinese oil woody species *Xanthoceras sorbifolium*（yellowhorn）[J]. CANADIAN JOURNAL OF FOREST RESEARCH，2017，47（11）：1450-1456.

列入国家"863"计划和科技攻关计划。[1] 2007 年,文冠果作为中国北方唯一生物能源树种在"三北"地区大面积推广种植。截至 2016 年底,全国文冠果栽培总面积达 42 813.1 hm² (64.2 万亩)[2],结果面积为 11 112.8 hm² (16.7 万亩),占总栽培面积的 25.96%。全国栽培文冠果的地区有山西、内蒙古、辽宁、吉林、山东、湖北、陕西、甘肃等省(区、市)。其中,甘肃、内蒙古、辽宁、陕西、山西文冠果栽培面积居全国前列(表 1–1)。

表 1–1　截至 2016 年底全国文冠果种植情况统计表

地区	栽培总面积 /hm²	占全国百分比 /%	结果面积 /hm²	占该地区栽培总面积百分比 /%
合计	42 813.1	100.00	11 112.8	25.96
甘肃	15 994.9	37.36	4 764.0	29.78
内蒙古	11 860.5	27.71	4 008.4	33.80
辽宁	5 734.0	13.39	1 333.0	23.25
陕西	5 433.0	12.69	433.0	7.97
山西	2 540.0	5.93	66.7	2.63
山东	580.7	1.36	244.7	42.14
吉林	400.0	0.93	113.0	28.25
湖北	270.0	0.63	150.0	55.56

数据来源:经济林系统。

二、优新品种选育研究丰富

以北京林业大学、中国林业科学研究院(以下简称中国林科院)、山西省林业科学研究院为首的科研院所致力于搜集种质资源,开展新品种的选育。如:北京林业大学文冠果研究团队在文冠果种质资源分布区收集种质资源 1 000 余份,其中古树资源 100 余份,新品种授权 8 个,良种 1 个。山西省林业科学研究院(中国林科院华北林业研究所)以丰产、稳产为目标,开展了文冠果优良品种的选育,同时对文冠果关键栽培技

---

1 张东旭,敖妍,马履一. 山西省文冠果的栽培历史及研究现状 [J]. 北方园艺,2014(9):192-195.
2 亩为非法定计量单位,1 亩 ≈666.67 m²。

术进行了试验研究,选育出 3 个丰产性好的优良品种,提出了文冠果丰产栽培配套技术。宁夏林业研究院收集引进了 23 份文冠果优新品种(品系),其中包括果用兼观赏型 15 份、观赏兼果用型 8 份等;选育出的丰产抗逆型"森淼文冠果"、观赏绿化型"森淼金紫冠"等均获得"植物新品种权证书"。目前,共有 67 个文冠果新品种向国家林业和草原局申请新品种授权,其中已授权的有 21 个。2019 年 3 月,"金冠霞帔"(品种权号 20170055)被授予"林木良种",这是我国首个国家级文冠果良种。

三、耐旱耐盐碱特性强

近几年来,文冠果的耐旱、耐盐碱特性引起了学术界的广泛关注。相关研究表明[1],文冠果适应性强,可在我国八大沙漠、四大沙地、黄土高原、青藏高原地区进行栽培,在我国的青藏区、新疆区、宁陕甘 + 蒙西、豫晋 + 蒙东中、华北(京津冀鲁)、东北(黑吉辽 + 蒙东)地区可进行推广。

2014 年起,宁夏林业部门选择了 9 个不同立地条件和气候区对文冠果优新品种进行示范造林,示范面积近 500 亩。以上造林示范表明,除吴忠市同心县年降雨量仅 150 mm 左右又无法补充灌溉的地区成活率较低外(成活率在 20%~40%),其余年降雨量 350 mm 以上或有灌溉条件的地区成活率均在 75%~85%,且生长表现良好。此外,宁夏林业研究院在灵武市大泉林场沙地试种文冠果,采用滴灌进行灌溉、种植株行距为 2 m×2 m、矮干低冠的树形,树体修剪为自然开心型,花期蜜蜂协助授粉,萌芽期、果实膨大期及采果后及时施肥等方法,与常规放任管理的栽培相比,当年生长量提高 25%~30%,有效提高了坐果率 30%,种子产量提高 63%。

在山东省东营市,通过对文冠果不同种源在试验地栽培的生物学性状进行调查、研究和选育以及田间盐碱地施肥试验[23],结果表明文冠果在土壤为中壤土,含盐量 0.1%~0.3%,地下水矿化度 1~3 g/L 的盐碱

1　Wang Q, Yang L, Ranjitkar S, et al. Distribution and in situ conservation of a relic Chinese oil woody species *Xanthoceras sorbifolium*(yellowhorn)[J]. CANADIAN JOURNAL OF FOREST RESEARCH, 2017, 47(11): 1450-1456.
2　刘金凤,张行杰.东营盐碱地区文冠果不同种源适应性研究[J].山东林业科技, 2015, 45(5): 52-55.
3　刘金凤,张行杰.东营盐碱地区文冠果施肥试验研究[J].山东林业科技, 2016(1): 30-34.

地上生长良好,种子饱满度可达 92%、出苗率达 52%。如配合有效的施肥方案(氮肥 0.45 kg/ 株、磷肥 0.68 kg/ 株、钾肥 0.33 kg/ 株和有机肥 0.67 kg/ 株),每亩栽种 110 株的情况下,文冠果每亩种子产量可达 100 kg。

四、加工开发多元化

文冠果是我国特有的优良木本食用油料树种,也是北方适宜发展的生物质能源树种。文冠果籽含油率 30%~36%、种仁含油率 55%~67%,文冠果油可食用,还可用作高级润滑剂、增塑剂、制油漆和肥皂,亦可作为生物柴油。"十二五"时期,国家林业局提出发展林业战略性新兴产业,将文冠果列为五大生物产业树种之一;2014 年 12 月,国务院办公厅印发的《关于加快木本油料产业发展的意见》,将文冠果列入重要发展的木本油料树种之一。文冠果油富含神经酸和文冠果皂苷,能补充大脑营养,修复大脑创伤,预防和治疗阿尔茨海默病,被科学家称为"脑黄金";富含不饱和脂肪酸,特别是亚油酸等是人体必需而又不能由自身合成的脂肪酸,有降血脂、血压、胆固醇等特殊保健和医用功效。与橄榄油、茶油、核桃油等其他高级木本植物油相比,文冠果油的理化特性指标和脂肪酸组成相近,是品质优良的高档木本食用油。

另外,文冠果的枝、叶、花、果壳、种壳、种仁等均可成功开发为食品或药品。目前已用文冠果的花、叶开发出文冠花茶、叶茶等,文冠果的果壳可制作保健枕,枝也是重要的中药材,木材可开发成木器工艺产品等。

五、资源开发利用前景好

文冠果资源开发利用有扎实的基础和广阔的开发利用空间。我国由计划经济到市场经济,发展文冠果几十年,有丰富的文冠果树自然资源,并积累了丰富的实践经验,尤其是管理、栽培技术经验。近几年来,全国有数十个农、林、医权威的科研院所对文冠果资源的开发利用产生浓厚兴趣,并付诸探索实践。山东、河南、陕西、河北、吉林等北方省(自治区)的林户、果农,对种植文冠果有很高的热情,很多医药、食品企业,更关注文冠果资源的开发利用。不久的将来,将形成培育、种植、研究、开发、生产、推广一整套具有中国特色的文冠果产业,中国文冠果资源的开发利用将迎来一个美好的明天。

（一）将进一步促进我国的生物质能源的发展建设

在我国能源建设上,质量优质的木本文冠果油将替代大豆、棉籽等草本植物油和其他调和油作为食用油,而质量较差的草本植物油,可以转化为汽车、船、工厂机器用油。调整油料市场,补充我国的能源,改变能源状况,我国能源建设战略发生重大转变。

（二）我国人民生活水平和健康素质会得到进一步的提高和改善

就目前来看,我国食用油品种单调,出现草本植物油多,木本植物油少的状况,大力发展文冠果种植,增加木本植物资源,食用文冠果油,使食用油单调、品质差的情况得到了改善,提高了人们的生活水平。同时,长期食用文冠果油,可减少心血管疾病,能增强体质,健康长寿。

（三）进一步拉动经济的增长和发展

文冠果资源的开发利用,形成了文冠果产业,这是一个新的经济增长点。在不久的将来,会形成一个农林科研机构积极参与研发,林区、农户积极种植,国内外的医药、食品、化工企业踊跃参与的良好局面。这将是一个新的产业,能创造出新的产品及品牌,带来新的效益,其价值空间和经济空间是无限的。

（四）进一步丰富医药食品市场

文冠果资源的开发利用和文冠果产业的形成,将促进人们研发出一系列医药品和食品。一批批以文冠果为原料的药品、食品的产生和推出,可使医药市场和食品市场增加新的品种,给消费者带来新的生活享受。

（五）环境质量将得到进一步改善和提高

大力发展文冠果种植,使我国大批的荒漠、荒地得到绿化美化,有利于可持续发展,对环境将是一个很大的改善。同时,就现在莱芜文冠果基地培植研究的情况看,已经培植出开不同颜色花的文冠果,有深红色花、浅红色花、白色花、黄色花的文冠果,这是绿化荒山、美化环境的良好树种。文冠果为小乔木,因此这些不同颜色花的文冠果也非常适合城市的美化、绿化。

（六）使林业产业的发展上新的层次

改革开放以来,在国家有关政策的指导下我国林业产业得到了很大的发展,据 2005 年中国林业发展报告显示,2004 年全年林业总产值达到了 6 892.21 亿元,第一、二、三产业产值分别为 3 887.54 亿元、2 561.12 亿元和 443.55 亿元。林业产业总产值大幅增长的主要原因,一是广大林业重点工程实施以来,各地结合林业结构调整种植的经济林、竹林已陆续进入产出期;二是速生丰产林、工业原料林生产的发展与木材加工、人造板业的发展相互促进,市场需求旺盛,木材加工使林产工业产品的产量和价格均有了不同程度的增长。其中的经济林、竹及花卉产业发展迅速,森林公园建设和森林旅游成为国民经济的重要经济增长点。

但是,就经济林产业的发展情况看,还存在发展的不平衡性。2004年,以花卉、菊、桑、果、中药材为主导的产品产值达到 1 909.41 亿元,其中花卉产值 344.60 亿元,增长 22.5%,而中药材增长的幅度居于其他品种的平均水平偏下。就果品来说,干果的发展品种少,且效益低,尤其像文冠果这样集油料、药材于一身的树种则更少。

随着经济社会的发展和人们物质生活水平的提高,像文冠果这样具有多种用途的果树是我国经济林未来发展的重点,而现在复合性的果树没有得到良好发展,我国林业产业的发展必须在保证重点产业的前提下,体现特色,体现整体性,这样林业产业的可持续性、经济效益才有提高,林业产业才能上一个新的层次。

第二节 文冠果的自然分布

文冠果对寒冷、干旱、瘠薄有较强的适应性,它是适合我国广大北方和西北各省区发展而有无限生命力的新生树种,是我国独有的树种,近年来更发展为国际引种栽培。

一、水平分布

文冠果在我国自然分布于北纬 32°~46°,东经 100°~127°的广阔地区。即南自江苏省北部,河南省南部,北到内蒙古的通辽市、赤峰市,东至山东省,西到青海、西藏。自然核心分布地区在陕西省和山西省的黄土地貌区[1];河北省主要分布于燕山山脉、太行山山脉等地区的黄土沟壑区;甘肃省主要分布于庆阳市的子午岭、关山、武山等地区;[2]宁夏回族自治区主要分布于盐池县、六盘山区和原州区东部山区以及贺兰山等地区;辽宁省主要分布于昭乌达盟,阜新地区也有零星分布。

近年来各地纷纷引种栽培,新疆北疆的木垒县、奇台县和乌鲁木齐等地,新疆南疆的喀什也有引种栽培,黑龙江省嫩江、合江两地区引种成功。

二、垂直分布

据资料记载文冠果自然分布多在海拔 400~1 400 m 的山地和丘陵地带。曾在海拔高度 2 309 m 引种栽培成功。文冠果垂直分布上下限随着经度的增加有降低的趋势(图 1-1)。

1　张东旭,张永芳,刘文英,等.山西省文冠果种质资源的生态区划研究 [J].北方园艺,2014(20):80-85.
2　张东旭,敖妍,马履一.山西省文冠果的栽培历史及研究现状 [J].北方园艺,2014(9):192-195.

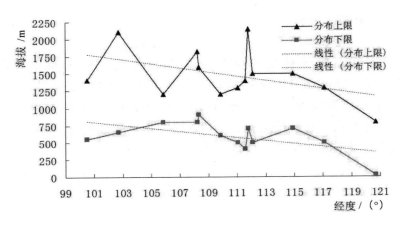

图 1-1　分布上下限

文冠果垂直分布上下限随纬度的增加虽有下降的趋势,但变化趋势不明显(图 1-2)。

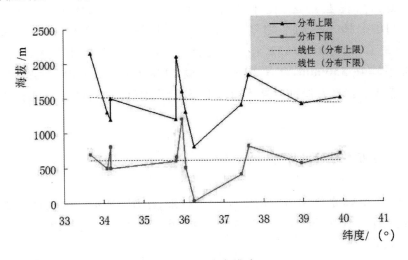

图 1-2　分布维度

三、分布地区的生长立地条件

文冠果自然分布的立地条件有黄土丘陵、冲积平原、固定沙地、土石山区。

（一）石质山地地区

如赤峰石房子林场的 600 多亩文冠果自然林，分布于坡度为 8°~30°、海拔 600~1 340 m 的地段。大青山坝口地区，表土流失、基岩棵露、土层厚度仅为 0.1~1.0 m，在这类地区栽植文冠果，成活率可达 85.1%~97.5%，三年开始结实。上述地区的植被基本相同，为铁杆蒿、碱草、酸枣等比较耐干旱和贫瘠的种类。

（二）黄土丘陵区

土层较厚，贫瘠，植被稀疏而矮小，主要有兴安胡枝子、益母草、甘草、碱草等，同样是比较耐干旱和贫瘠的种类。该地区的文冠果生长发育亦颇正常，个别植株胸径达 33 cm，树冠约 12.1 m，树龄 90 年。

山西省蒲县产区，位于北纬 36.1°~36.6°、东经 110.8°~111.4°，海拔 1 110~1 300 m，年平均气温 8.4 ℃，一月气温 –6.0~9.0 ℃，七月气温 23.3 ℃，绝对低温 –22 ℃，绝对高温 32.6 ℃，无霜期 177 天，年降雨量雨平均在 550 mm，年平均相对湿度 51%~67%，属森林草原偏旱中生发育型，土壤为侵蚀性褐色土，土层极深，该县文冠果常与栾树组成群落。

（三）石灰性冲积平原地区

赤峰市林业科学研究所的文冠果林地，土壤 pH 值为 8.0，碳酸钙质量分数高达 10%，五年生的文冠果植株，树高达 2.8 m，地径约 8.5 cm，冠幅约 8 m。

（四）固定沙区

赤峰市城郊林场过去系流沙区，改造成固定沙地后，栽植文冠果成活率达 80%。伊盟林业科学研究所在 40 cm 以内为沙壤土、40 cm 以下全为沙层的地区栽植文冠果，成活率达 68%。文冠果对土壤条件的要求，与其他一些油料树种比较，不是十分严格。在赤峰市宁城县调查中，甚至在裸露的岩石缝隙中，也曾见到生长发育正常并已结实的文冠果植株。但是应该指出,文冠果最适生的条件仍然是:背风向阳、土层较厚、中性的沙壤土。

中华人民共和国成立前,文冠果并未受到重视,没有作为油料树种栽植,因此多半生长在荒山沟壑之中。文冠果作为油料树种受到重视并得到发展是近几十年的事。

第三节 文冠果的经济价值

一、生态效益

目前,我国生态建设虽然取得了巨大进步,总体上进入了"治理与破坏相持阶段",但是,水土流失和土地沙化的现象还比较严重,自然湿地总体上呈现出萎缩和退化下降的趋势,森林和野生动植物及生物多样性保护压力进一步加大,一些地区水资源短缺和污染状况依然严峻等。这些成为制约我国经济社会发展的重要因素。充分发挥林业在生态建设的主体作用、主导作用,大力改善生态环境,是今后相当长时期内林业的一项重要任务。

文冠果耐干旱、耐瘠薄,根系发达,肉质根能充分吸收并储存水分和养分,根据宁夏回族自治区中部干旱带栽植文冠果的情况看,播种出苗率在 75%~85%,2~3 年大苗栽植成活率在 85% 以上,年生长量在 60~100 cm,根深达 60 cm。因此,文冠果是干旱半干旱地区的优选绿化树种,种植文冠果不仅可以提高区域植被覆盖度,增加森林覆盖率,还能明显改善局部气候,是干旱半干旱地区水土保持、防风固沙、荒漠治理的优良树种,生态效益尤为显著。

文冠果生长的树龄可达 300 余年。它既能在贫瘠的山间生长,又能在条件恶劣的西北荒漠生长,还能在华北平原肥沃的土地上生长。它经济价值高,药用价值好,是生态性和经济性兼顾的树种,也是我国生态环境建设中首选的树种之一。开发文冠果资源,发展文冠果种植,建立文冠果产业,能进一步促进我国生态环境建设的发展。我国现存的大批荒山、荒漠、荒地、荒坡必须选择优良的树种去绿化。文冠果就是其中的一个品种。2004 年,新疆木垒哈萨克自治县人民政府和林业局经过调研,把发展种植文冠果列为全县林业发展的重点,并编制了 10 万亩文冠果生态经济林基地的规划,新疆维吾尔自治区的伊犁地区也把发展文冠果列入本地区林业发展的"十一五"规划,山东莱芜市 2006 年发展文冠果标准林 600 余亩,育苗培育基地 100 余亩,莱芜市、淄博市等地区,将建立全国最好的文冠果新品种种植生产推广基地。河南的洛阳地区,陕西的延安市和山西、甘肃、辽宁的有些地区也把发展文冠果种植列入本地区的发展计划。

经过努力,文冠果产业将会取得深远的发展,文冠果的经济林将达到几百万亩或上千万亩,会占据经济林的半壁江山。文冠果产业的发展,带来的是我国成千上万亩的荒山、荒地、荒滩变成文冠果林,在北方的许多城市看到白红交织的文冠果花笑迎人们,会使许多地区存在的水土流失、环境恶劣的状况得到进一步的改善。许多地区因发展文冠果产业而成为特色农业、特色林业地区,也有许多地区因文冠果而闻名海内外。

二、经济效益

文冠果作为生态林树种,在年降雨量 200 mm 左右的地区,依靠自然降雨量可满足文冠果的正常生长、开花结果,但坐果率较低;作为经济林树种,尽量种植在年降雨量在 400 mm 以上或有灌溉条件的地区,采用水平梯田或大鱼鳞坑等保水措施可提高坐果率,实现生态效益和经济效益的双丰收。

以宁夏林业研究院选育的优新品种"森淼文冠果"为例,按每亩种植 110 株测算,森淼文冠果 5~6 年生树每亩种子产量 22~33 kg;7~9 年生树每亩种子产量 77~110 kg;10 年生以上稳产树每亩种子产量 110~165 kg。文冠果种子目前市场价格为 20 元 /kg,稳产期仅种子产值就可达到 3 300 元;如果加工成高级木本食用油,种植每亩初级产品的产值估算在 4 000 元左右。此外,文冠果饼粕、果壳、花枝、叶等的提取物和综合利用产品可应用于化工、医药、食品及化妆品等领域,多条产业链的形成和发展是我国经济发展的一个新的增长点。

森淼文冠果新品种试验种植情况见表 1-2。

表 1-2 森淼文冠果新品种试验种植情况

树龄 / 年	每亩栽植数 / 株	单株产量 /kg	亩产量 /kg	种子平均出油率 /%	每亩产油 /kg
5~6	110	0.2~0.3	22~33	25	6~9
7~9	110	0.7~1.0	77~110	25	21~30
≥ 10	110	1.0~1.5	110~165	25	30~45

（一）文冠果种仁含油率和种子出油率

文冠果种仁含油率是相当高的，但随被采摘植株的品种类型、采摘部位和时间的不同而有所差异。但其数量变幅多在 55%~66%。据测定果皮含水量为 16.1%，种仁含水量 5.5%，种子含水量为 10.32%。另外，种子出油率同样由于冷榨、热榨和土法熬油的方法的不同也有所差异，据资料记载种子含油率为 30.8%~36.2%（36.2% 为绝对干的种子），但目前机械加工出油率仅为 25%，所以加工的方法有待进一步研究改进，土法熬油为 20% 左右。

（二）文冠果油的医药和化工用途

文冠果碘值 125.8，双烯值 0.45，表明文冠果油属半干性油，可用作油漆原料，文冠果热榨油皂化收率 89%，混合脂肪酸依铅盐法定量组成为：油酸 57.16%，亚油酸 36.90%，饱和脂肪酸 5.94%，所以文冠果油是制取油酸和亚油酸的较好原料。油酸臭氧化可制取高分子单体 9- 氨基壬酸，用以制造尼龙 -9；亚油酸则是心血管硬化防治药的主要成分之一。此外，用油酸和亚油酸做原料可以制取化学药品己酸（亚油酸氧化裂解生成）、丙二酸、壬酸（由油酸氧化生成）、壬二酸以及治疗胆石症的油酸钠。所以文冠果能用作油漆、医药、尼龙制造、增塑剂、乳化剂的原料。

（三）文冠果果皮是制取糠醛和活性炭的原料

文冠果果皮和种子质量约相等，果皮含糠醛12.2%，具有提取价值。而糠醛是一种活泼的有机合成原料，用在树脂和增塑剂中。另外，据赤峰皮麻厂试验，文冠果果皮可制活性炭炭粉，亦可加工成条炭作工业用的吸附脱色剂。所以，随着文冠果的大力发展，文冠果果皮是一种有价值和数量可观的潜在资源。

（四）文冠果是一种药用植物

我国用文冠果木配药治疗"黄水病"（即风湿症）已有二百多年的历史，国外报道从文冠果中分离出甾醇和杨梅树皮苷（消炎、杀菌），经过科研人员分析，文冠果干叶中含鞣质18.7%，羟基香豆精2.18%，水杨苷4.00%（消炎止痛、治疗风湿），黄酮醇2.16%，三萜皂苷6.65%，多量植物甾醇和微量挥发油。由此可见，文冠果含有多种药物成分。我国民间验方用文冠果种仁治疗遗尿症和文冠果木治疗布氏病，有的还用文冠果叶做饮料。

（五）文冠果林下经济有机化技术模式

林下经济产业是一种有别于传统林业生产的参与式林业与农业经营方式，是采取以保护生态环境为基本原则的绿色可持续发展循环经济模式，是协调森林保护与发展经济非常有效的模式。近年来林下经济产业开始在我国蔚然兴起，得到了政府的高度重视。发展文冠果产业与林下经济产业相结合，并向有机化方向发展，是具有广阔前景发展道路。

1. 有机化发展的相关技术标准

文冠果油、花序、叶、壳茶等适合开发高端有机食品。有机食品生产技术标准是有机食品种植、养殖和食品加工各个环节必须遵循的技术规范。鉴于目前我国有机食品标准体系尚未完善，为了促进文冠果食品有机化发展,下面精选了适于文冠果栽培、产品采集与加工有关的标准,供管理者与经营者参考。

（1）有机产品生产、加工过程符合性标准。

GB/T 19630—2019 有机产品　生产、加工与管理体系要求

HJ/T 80—2001 有机食品技术规范

（2）有机产品案例标准。

NY 5196—2002 有机茶

NY/T 5197—2002 有机茶生产技术规程

NY/T 5198—2002 有机茶加工技术规程

NY 5199—2002 有机茶产地环境条件

DB23/T 1110-2007 有机食品 蜜蜂饲养技术操作规程（黑龙江省）

（3）绿色产品符合性标准。

NY/T 393—2020 绿色食品 农药使用准则

NY/T 394—2021 绿色食品 肥料使用准则

NY/T 472—2022 绿色食品 兽药使用准则

NY/T 473—2016 绿色食品 畜禽卫生防疫准则

NY/T 391—2021 绿色食品 产地环境质量

（4）绿色产品案例相关参考性标准。

NY/T 285—2021 绿色食品 豆类

GB/T 1535—2017 大豆油

NY/T 432—2014 绿色食品 白酒

2. 技术模式

文冠果初植林(园)适合采取混农套作模式,栽植 2 年后即适合林下养禽模式或林下养殖小型畜类,如长毛兔等,小乔木或乔木林适合林下养畜模式。应选择附加值高的经济作物、禽畜进行养殖,或者驯养野生禽类、动物等。林下养蜂模式,适合文冠果花期。

（1）混农套作技术模式。

混植物种选择:选取豆科农作物、牧草、中药材,褐土区选用大豆、黑豆、绿豆、小豆、豌豆、矮棵芸豆、草木樨、黄芪、苦参、乌拉甘草等适生优良品种;沙土区选用花生、沙打旺、乌拉尔甘草等适生优良品种。

栽培技术要点:采用轮作栽培技术,有机农药、肥料喷施等田间管

理技术等,建立林作、林药、林草等混农模式,采用有机化套作栽培管理技术,不仅提高文冠果林的复种指数,而且提高单位面积的经济效益。

模式评价:混种豆科作物、中药、牧草等矮棵植物,不仅充分利用文冠果初植林的冗余空间,因豆科植物具有固氮功能,还能为文冠果提供氮肥。乌拉尔甘草(*Glycyrrhiza uralensis* Fisch.)、黄芪等是我国的地道名贵中草药,具有多年的栽培历史,市场价格较高且稳定,3~5 年的栽培周期,每亩产值可达 2 000 元,特别是采取有机化栽培技术,保证了药材品质。这将弥补幼龄期文冠果占地的损失,提高了单产收益。

(2)林下养禽技术模式。

适宜文冠果林下养殖的禽类有鸡、鹅(图 1-3),适合驯养的野生禽类如雉鸡,这类驯养需要经林业主管部门许可。

图 1-3　北京林业大学顺义青神基地(林下养鹅)

①养殖技术要点。

· 用网眼致密、结实耐用的铁丝网做围栏,对林地适度分隔,设为不同养殖小区,既可防止黄鼠狼及老鼠等对禽的危害,又能合理轮养;对于驯养野生禽类,采取封闭式大网。

· 设置补饲场所,配备饮水设施,备干净的黄沙;对于养鹅,采用集水方式,设置洗浴池;可选合适豆科牧草种植,用于补饲。

· 让禽自由活动和采食鲜嫩青草,放养区草吃净后轮牧到下一小区。为限制禽乱飞,可适时剪短禽的翅羽。

·有条件的地方,可安置杀虫灯,利用晚间昆虫的趋光性,让禽捕食昆虫,以增加蛋白质饲料;可养殖蚯蚓用于喂杂食性禽类。

·注意定期对场地消毒和预防寄生。

②模式评价。

文冠果的落花、榨油后的粕是非常好的保健饲料,可以提高养殖畜禽类的免疫力等,养禽可解决林地除草、除虫,粪便又能给树木施肥,效益倍增。

（3）林下养畜技术模式。

较大面积、树较大的文冠果林适合这种模式,可以选择特种野猪（家猪与野猪杂交种）、梅花鹿、马鹿等附加值高的经济动物养殖,修剪的枝叶可作为大型动物的保健饲料。

①养殖技术要点。

·对文冠果树干涂白,防治病虫害发生,如果养殖的动物啃食树干皮,可用铁丝网对树干设置围栏。

·棚舍（有条件的可建成温室型,冬季种植少许饲草补饲）区设有给水、消毒池、粪便发酵池（有条件的可建沼气池）等设施,在棚舍区给水、补饲、给盐等,有利于动物归圈,便于管理。

·可选合适豆科牧草种植,用于补饲。

·注意定期对场地消毒和预防寄生。

②模式评价。

文冠果的落花、榨油后的粕是非常好的饲料,可以提高养殖禽类的免疫力等;养殖畜类的粪便发酵后或沼气池渣水用作肥料给树木施肥,实现生态、经济双赢。

（4）林下养蜂技术模式。

虽然文冠果花没有蜜腺,但是,花粉作为蜜蜂主要食物,饲养蜜蜂（图1-4）可以提高文冠果授粉概率,此技术模式与上述模式为互补模式。蜜蜂的有机饲养可参照《有机食品 蜜蜂饲养技术操作规程DB23/T 1110—2007》进行;蜂蜜标准力争高于食品安全国家标准《蜂蜜》（GB 14963—2011）。同时,其他相关技术,按高于蜜蜂、蜂蜜相关技术标准执行。

图1-4　辽宁省建平县富山基地林下养蜂试验

三、社会效益

文冠果产业的发展,可直接增加就业岗位,通过第一、二、三产业的融合发展,增加农民收入,实现致富和社会稳定。甘肃省白银市景泰县通过辐射带动周边群众发展文冠果经济林种植,农户每亩收入在2 000~3 000元,较种植传统产业粮食每亩增收500~1 000元,增长50%以上,绝大多数农户将从中直接或间接受益,经济效益、社会效益显著。此外,文冠果作为木本油料和生物质能源树种,在解决我国食用植物油自给率不足的同时,还可以加工转化生物质能源生物柴油,从而缓解我国燃料油不足的状况。

第四节　当前文冠果栽培存在的问题

一、一般栽培方面存在的主要问题

(一)缺乏优选良种、丰产栽培技术、深加工产品

目前,对文冠果的基础性研究还处于起步阶段,比如良种选育、分产栽培技术和深加工产品的研发。

一是,在文冠果良种选育、苗木繁育中存在选育种源单一、种质资源混杂,生长周期长、无性繁育困难等问题。目前,仅有 21 个文冠果新品种获得了"新品种授权",国家审定的林木良种更是少之又少,并且大多是观赏、绿化品种,没有通过国家审定的果用、叶用用途的新品种。2019 年 3 月,"金冠霞帔"(新品种权号 20170055)被授予"林木良种",这是我国首个国家级文冠果良种。此外,文冠果新品种(品系)、株系没有成林的种植基地作为成熟样本,优良性状有待进一步跟踪。

二是,文冠果栽培管理技术缺乏系统的、科学的研究,如不同立地生境下文冠果的种植模式、栽培密度、整形修剪、施肥、病虫害防治等技术,或是因地制宜的丰产栽培技术规程。目前,仅有 2014 年国家林业局印发的《文冠果原料林可持续培育指南》(林造发〔2014〕45 号)和宁夏林业研究院制定的文冠果种苗繁育及栽培相关技术规程。

三是,文冠果深加工产品研发有待突破,没有"准行证"无法进入规范化市场是制约文冠果产业发展的瓶颈。文冠果果油是其产业延长价值链的最核心产品,果油无食品入市许可和认证审批;对文冠果产品作为食品、保健品、医用食品的审批也都未完成,特别是各种产品的国家标准均未研究出台。2019 年 6 月 14 日,国家粮食和物资储备局 2019 年第 3 号通告,发布了《油菜籽》等 14 项推荐性行业标准,其中包括《文冠果油》行业标准(LS/T 3265—2019),该标准已于 2019 年 12 月 6 日起实施。

（二）缺乏科学定位与规划，经营管理粗放

文冠果天然分布区范围大，适宜种植地区由北到南、由东到西，海拔、气候、土壤、降雨量、水肥条件差别明显，文冠果在各区域的生物学性状和经济性状表现差异大。从目前文冠果的栽植情况看，有的立地条件受水资源、海拔等条件限制不适宜种植的地方也有种植，没有因地制宜、适地适树。

另外，具备种植自然条件的，由于缺乏科学规划，对文冠果作为生态林或经济林的定位模糊，一方面导致各级地方政府对文冠果这项新兴产业底气不足，未将其列入特色林业产业加以研究、扶持和引导，资金投入少，产业发展动力不足。另一方面承包种植企业由于管理粗放，浇水、施肥、除草、修剪不到位，文冠果苗基本处于自然生长状态，很难达到早产、丰产和稳产，一定程度上影响了农户栽种文冠果的积极性。

（三）作为经济林种植周期长，收效慢

文冠果作为经济林树种，种植文冠果是增加农民收入，实现生态和经济双赢的有效途径，由于其挂果晚、产量低、收效慢，管理成本较高，山区种植一般需 5~8 年才能产生经济效益，没有项目资金和政府的扶持政策，大面积推广种植有一定的困难。

目前，市场上大部分文冠果企业、公司主要以销售苗木为主，生产加工企业少且多处于初级加工阶段，企业体量小、规模小、资金少，整体实力偏弱，产品链条短，附加值低。另外，文冠果从种植到有一定的产量，以及后续产品转化加工销售都还处在前期观察、试验、探索阶段，对于整个产业链的运行，还未有成功经验可循，经济效益还未显现。

（四）大面积推广种植的病虫害风险未可知

大面积推广种植文冠果林必须慎重对待病虫害防治的问题。《三北防护林体系建设 40 年综合评价报告》中指出"树种单一，病虫害严重"是三北防护林质量低、衰退风险大的主要原因之一。为了达到尽早发挥防护效益，三北防护林大多选择速生的杨树为造林树种，实地调查发现

98% 以上农田防护林都是杨树,由于树种单一、生态群落不均衡,导致抗性差,病虫害严重,造成树木长势不良,甚至大面积的死亡。

目前,在甘肃省种植的文冠果人工纯林病虫害发生比较严重,林龄越大,栽植越集中,管理越粗放,病虫害发生越严重。研究发现[1],我国北方种植的文冠果常见的病虫害有茎腐病、根结线虫病、黑斑病、沙枣木虱、锈壁虱、刺蛾、黑绒金龟子等,尽管进行了相应防治技术的研究,但是大面积推广种植文冠果可能面临的病虫害风险还未进行科学论证。

二、困难立地绿化面临的问题

探索文冠果新品种在困难立地绿化中的转化应用,解决国土绿化发展不平衡不充分问题,推动国土绿化由规模速度型向数量质量效益并进型转变,2019 年 7 月 9 日至 12 日,国家林业和草原局科技中心结合"不忘初心、牢记使命"主题教育开展专项调研。调研组先后赴宁夏银川市兴庆区、永宁县,吴忠市红寺堡区,中卫市沙坡头区、中宁县,甘肃白银市靖远县、景泰县等地调研了文冠果科研机构、文冠果栽种基地、文冠果加工公司等,并与各级地方林草管理部门、文冠果基地负责人、合作社社长、栽种农户等进行了交流与座谈。现将有关情况报告如下。

困难立地造林一直是国土绿化的难点,由于困难立地水资源匮乏、种苗缺乏、技术落后等因素,使得造林绿化困难重重。据第五次《中国荒漠化和沙化状况公报》显示,截至 2014 年,我国荒漠化土地总面积 261.16 万 km^2,沙化土地面积 172.12 万 km^2,分别占国土总面积的 27.20%、17.93%,分布在北京、天津、河北、山西、内蒙古等 18 个省(区、市),约 4 亿人口受到影响。其中,荒漠化、沙化土地主要分布在新疆、内蒙古、西藏、青海、甘肃 5 省(区),分别占全国荒漠化、沙化土地总面积的 95.64%、93.95%,大多分布在干旱区(年降水量在 200 mm 以下的地区)和半干旱区(年降水量在 200~500 mm 的地区)。

当前,我国现有宜林地大多分布在干旱、半干旱地区,其中包括大面积的可治理沙化土地,西北、华北、东北以及滨海盐碱地等是国土绿化的主战场。但由于立地条件的进一步困难化,水资源缺乏、适生树种少、

1　李国双 . 文冠果的病虫害防治技术 [J]. 绿色科技,2018(23):88-89.

科技支撑不足等问题日益突出。根据《三北防护林体系建设 40 年综合评价报告》，三北地区尽管土地后备资源较多，但主要位于半干旱、干旱区，水资源矛盾突出，同时，随着工程建设进入"啃硬骨头"阶段，造林立地条件越来越差，超过一半的地区降水量不足 200 mm。另外，林果产业发展水平低下，离"生态富民"还有较大差距，主要有地方林果种植品种多杂，特色林果产业产量低，初级产品多，工艺研发、精深加工落后，产业链短，附加值低，林产品标准化、品牌化、市场化程度不高等原因。

当前，在我国社会主要矛盾发生变化的新形势下，国土绿化由规模速度型向数量质量效益并进型转变，为了达到 2035 年全国森林覆盖率 26% 的目标，每年需完成营造林任务 1.1 亿亩，同时，还要解决森林质量不高、功能不强的问题，并努力实现林业的生态、经济和社会效益，践行"绿水青山就是金山银山"的生态文明理念。因此，困难立地绿化应遵循三条原则：

第一，应尊重自然规律。充分利用自然力恢复森林和草原，坚持量水而行、以水定绿。根据水资源承载能力，科学选择适生树种，宜乔则乔、宜灌则灌、宜草则草。

第二，要依靠科学技术。通过科学的理念、技术、标准，尝试培育新品种，广泛选用优良品种和乡土树种，并开展森林抚育经营，做好低质低效林改造、退化林分修复。

第三，引导形成绿色产业链。进一步深化林权制度改革，积极引导全社会广泛参与，稳妥规范引入社会资本，通过推动良种基地建设、发展木本粮油产业、开展乡村旅游等方式，提高造林绿化的综合效益。

三、文冠果栽培方面的启示与建议

（一）加快科技成果转化，健全认证和标准体系

大力发展文冠果，良种是基础，技术是关键。

一是，解决目前文冠果品种（品系）适应性、结果率的不确定性，要加强种质资源的收集和保存，对优良乡土树种繁育、抗旱、抗盐碱、防病虫害、标准化高效栽培等关键技术的研发，根据对现有种植文冠果生长情况的筛选研究，在引种栽培实验的基础上，对现有品种进行改良，采

用嫁接、换头等方式,培育丰产高产优良品种,并扩大引种试验示范,提高良种壮苗的生产和供应能力。

二是,加大栽培技术的研究,突破文冠果育苗模式、种植模式、栽培密度、整形修剪、施肥、病虫害防治等技术,研究出台适合荒山、荒坡甚至困难立地的造林技术以及丰产林培育技术规程。

三是,加快文冠果新品种、林木良种的申请、审定和授权颁证,推动科研院所对文冠果种植、栽培、加工等技术标准的研究与制定。通过知识产权保护、专利保护等措施,积极支持和引导企业自主研发文冠果食用油、食品、药品、化妆品等产品,延长产业链条,提高产品附加值。

(二)结合实际,分区施策,科学规划

根据文冠果生物学和生理学特性,结合各地区的气候、海拔、土壤、降雨量等自然条件,因地制宜,突出发展重点,充分发挥文冠果可绿化、可观赏、可结果的多功能属性,分区域、分地段,科学定位并编制栽植规划,宜果则果、宜林则林,避免千篇一律,大面积单一种植,盲目发展。可采用先试种,摸索出区域特色和成功经验后再推广,推动种苗繁育基地、木本油料示范基地建设。并且,加大科技培训与技术指导,充分考虑并利用地形地势现状,如按照等高线开挖水平沟进行种植,一方面最大限度地保护了现有植被不被破坏,另一方面在灌溉时能够节约水资源,节约生产成本。

(三)加大扶持力度,探索机制创新

把国土绿化与乡村振兴、精准脱贫、全域旅游等结合起来,把文冠果作为一种新型产业,纳入贫困地区特色产业扶持范围,增加资金扶持力度,在适宜种植的地方推广发展。

一是,结合退耕还林、三北防护林、战略储备林等国家重大生态工程投资种植文冠果,并积极争取中央财政造林补贴、良种补贴及中央财政林业科技推广示范等专项经费的支持。

二是,深化国有林场和集体林权制度改革,加快推进"三权分置",完善林权流转抵押贷款政策,积极推进林权抵押贷款,鼓励农民以林地承包经营权入股等方式加入文冠果产业种植,加强政策扶持,把发展文冠果作为生态经济林和脱贫富民的主要产业。

三是，加强第一、二、三产融合发展，支持立体种植文冠果，大力发展林下经济，实行林药、林菌、林花、林草、林禽、林蜂等立体开发；利用文冠果花序大、花朵密、花期较长，且具有较高的观赏价值的优点，开展乡村旅游，使林地的长、中、短期效益有机结合，提高林地利用率和文冠果综合效益。

（四）科学论证，慎重防范病虫害风险

加大对文冠果大面积种植和病虫害防治的科研投入，通过科学论证与规划，通过合理配置树种结构、科学设置种植模式、及时抚育并加强病虫害防治技术，避免文冠果林成片种植后可能产生的病虫害大面积爆发的风险。

第二章

文冠果的形态特征与生物学特性

　　文冠果，又名文冠花、文登阁、崖木瓜、温旦革子、文官果、文光花、僧灯毛道，为无患子科文冠果属植物，一属一种，是我国特有的木本油料植物；原生在我国北方，出油率高，可与南方的油茶以及从国外引种的油橄榄相媲美，故有"北方油茶"之称。文冠果结实早，用途广泛。其油是很好的食用油和半干性的工业用油，其成分亚油酸又是治疗高血压症药物的重要成分。文冠果材质坚硬，纹理美观，是制造家具的良好用材。因此，发展文冠果在食用、药用、绿化荒山、保持水土等方面都有极其深远的意义。20世纪以来，随着能源危机的日益严重，对生物质能源的研究提到了议事日程上来，随着文冠果油能够制造生物柴油报告的提出，人们又开始重视文冠果的研究了。

第一节 文冠果的形态特征

形态可以理解为事物的外观。对一个物种外观的认识是基本认识，可据此由表及里，由浅入深，对其进行全方位研究并达到透彻了解。因此，研究和了解文冠果形态特征，是一项重要基础工作。

一、形态特征

树形：乔木，高可达 8 m，胸径可达 90 cm；环境条件较差时，一般成长为小乔木，如果主干死亡或截去主干，茎基部萌发力强，常形成灌木状。目前不少地区的散生林，呈丛状，每丛多达数十株，就是主干遭到破坏而形成的（图 2–1）。

图 2–1 树形

树皮：灰褐色，呈扭曲状微纵裂。

枝：粗壮、直立，老枝褐黄色，新生嫩枝呈绿色或紫红色被白色绒毛或光滑无毛。

芽：卵圆形，紫褐色，外面为多数鳞片所包围，每鳞片有脊及白色缘毛。叶芽顶端较尖锐；混合芽比较饱满，总状花序抽生于混合芽的中央。

叶：奇数羽状复叶，小叶长圆形至披针形，互生，初生时有短柔毛后无毛或微具毛。小叶 9~19 枚，长 2~6 cm，宽 1.0~1.6 cm，边缘呈锐锯齿状，叶基 1/5 以下全缘，叶表面平滑暗绿色，背面白绿色。

花：总状花序，长 15~25 cm，每序生小花 20~60 朵，分孕花不孕花两种。孕花子房正常而雄蕊退化,不孕花雄蕊正常而子房退化。两种花均由萼片、花瓣、花梗、雄蕊、雌蕊、苞片等组成;萼片 5 枚,椭圆形,长约 6 mm;花瓣 5 片,倒卵形,质薄白色,瓣片基部有由黄变紫红的斑纹;花盘薄而 5 裂,每裂上有一角状橙色附属物;雄蕊 8 枚,长为花瓣的 1/2;子房长圆形,具短而粗之花柱,一般情况下,由顶端混合芽抽出的总状花序多着生孕花,占顶生花序朵数的 70% 左右,但有的变种或树势强的单株在侧生花序上亦可发生部分孕花,通常侧生总状花序上的花很少为孕花(图 2-2)。

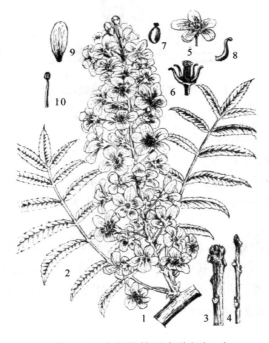

图 2-2 文冠果的形态特征(一)

1—总状花序;2—羽状复叶;3—顶芽为混合芽的春梢;4—顶芽为叶芽的春梢;5—花;6—花托、花萼及雄蕊;7—子房;8—萼片;9—花冠;10—雄蕊孕花

果实:绿色,蒴果,一般为 8 或 4 室,少数 2 室或 5 室。每室一般具种子 4~6 粒,少数有 1~8 粒者。果实成熟时,果皮由绿色变为黄绿色,表面由光滑变为粗糙,果皮较厚 0.4~0.7 cm,木栓质。种子圆球形,黑褐或暗褐色(图 2-3)。

图2-3　文冠果的形态特征（二）

1—果穗；2—果实；3—停止生长发育的幼果；4—种子；5—种皮；6—种仁；7—大子叶；8—小子叶；9—胚芽；10—胚根

种子：球形，直径为1.0~1.5 cm；未成熟种子白色，逐渐变为粉红色，成熟的湿种子为黑色，具光泽，风干后的种子呈暗褐色，光泽消失。种脐白色。种子千粒重最低415 g，最高达1 701 g，50株单株种子平均千粒重为859 g。

种仁：种皮内有一棕色膜包着种仁。种仁乳白色，质量约占种子质量的一半。异形双子叶，其中一子叶较肥大，一子叶较瘦小，均向一面卷曲，前者包着后者。两子叶间为胚，不甚明显。胚根明显。种子萌发出土时，子叶仍留种皮内，一同残留土层内。

二、文冠果营养器官的解剖构造

营养器官指根、茎、叶。植物的结构特性是在长期的历史发展和与环境相互作用演化过程中形成的。了解文冠果营养器官的解剖学特性，对于认识其适应性和制定栽培技术措施是很重要的。

（一）文冠果根的解剖构造

文冠果根的构造与一般双子叶植物相似。幼根（根毛区）横切片上，在显微镜上可以观察到层次分明的几个组成部分,即表皮层、皮层和中柱(维管组织系统)、周皮、韧皮部、形成层、木质部。

1. 表皮层

幼根的最外层细胞由细小、圆形、长圆形多棱的细胞组成。这些细胞特化为吸收组织,最显著的特征是有些表皮细胞已向外突出成盲管状的根毛,大大增加了根的吸收表面。

2. 皮层

皮层位于表皮层与中柱鞘之间,约 20 层细胞厚,细胞较大,圆柱形多棱,细胞壁薄,排列疏松,有胞间隙。文冠果根的皮层比较明显的特点是占横切面的面积很大,为中柱面积的 4.3 倍左右。

3. 中柱

中柱在皮层以内,根的中心部分,所占面积约为皮层的 1/4。中柱分中柱鞘和维管束。

中柱鞘:它是中柱的最外层,由薄壁细胞组成。

维管束:它位于中柱鞘以内,分初生木质部与初生韧皮部两部分,成束相间排列。初生韧皮部细胞的原生质较浓,初生木质部细胞已分化,壁已增厚,管腔较大,木质部与韧皮部之间的束间细胞是薄壁细胞,亦称连接细胞。幼根中央部分尚未分化,由较大的圆形多棱细胞组成。

4. 周皮

周皮是次生构造,在老根中起保护作用,由木栓层、木栓形成层和栓内层组成,木栓层很厚。

5. 韧皮部

老根中的韧皮部呈筒状,由各种成分细胞组成,主要有筛管、伴胞、韧皮薄壁细胞及韧皮厚壁细胞(纤维)。

韧皮部在切面上占有较大的部位,其内侧有细胞壁增厚的韧皮纤维,除在射线细胞处被分隔外,射线和其他韧皮细胞内皆有内含物质。

6. 形成层

形成层位于韧皮部与木质部之间,排列紧密而未分化的一层扁长形细胞。

7. 木质部

木质部指中心的柱状体。柱状体最中心部位为初生木质部,其外为次生木质部。木射线单列或双列,辐射排列,由长、短管状细胞组成。

(二)文冠果茎的解剖构造

文冠果幼茎和根一样具有表皮层、皮层及中柱等组织系统。由于茎和根所处的环境及执行的机能不同,故在结构上也存在着一定的差异。

1. 表皮层

表皮层紧密地排列在幼茎最外层,由不同大小的方形和长方形的细胞组成。其中较小的细胞常常向外突出成单细胞的表皮毛。表皮层外壁有透明的角质层。气孔的两个保卫细胞略拱出于表皮层。

2. 皮层

皮层厚约 20 层细胞,由较大的薄壁细胞组成,细胞内有核及原生质。细胞排列疏松,有胞间隙。老茎皮层细胞内有大量叶绿体,内皮层不明显。

3.皮孔

从两年生的茎切面上看到皮孔位于周皮的外侧,呈双凸透镜形,是空气进入之处。

4.周皮

周皮由木栓层、木栓形成层和栓内层组成。

木栓层:木栓层位于周皮的外层,与根相同,由数层木栓细胞组成,靠外几层木栓细胞已被挤扁或破裂,染成红色;靠内数层细胞较大,呈方形、长方形,不木栓化。

木栓形成层:在木栓层内面,为连续成一层的扁长形薄壁细胞,有核及浓原生质。

栓内层:细胞形态与木栓形成层相似,位于其内侧。

5.中柱

中柱在皮层以内、茎的中心部分,由中柱鞘、韧皮部、木质部、形成层等组成。

中柱鞘:在幼茎中已经分化出 1 或 2 层成束的厚壁细胞,而老茎中则有 3 或 4 层极为明显的、被染红的厚壁细胞,呈束状排列。

韧皮部:它是复杂的复合组织。幼茎韧皮部分化浅。老茎中韧皮部初生部分排列不规则,如同根韧皮部受挤压一样,不同的是其中有厚壁细胞分布。靠内一些,韧皮部中有 1 或 2 层厚壁纤维连成环,亦被射线分隔。射线细胞与根的相同。韧皮部的其余薄壁细胞内均有明显颗粒状内含物。

木质部:同韧皮部一样,这是复杂的组织,通常由导管、管胞、木纤维及木质薄壁细胞组成。

老茎木质部结构和排列复杂,首先可见早材和晚材及由它们形成的年轮。早材导管数目多,管腔大,圆形、半圆形或三角形,分散或几个细胞成群分布成散孔材,占面积大;晚材导管数目极少,管腔大小不等。木射线横切面观与韧皮射线同,富有内含物。

形成层：界于韧皮部与木质部之间的 1 或 2 层扁长薄壁活细胞。

6. 髓

髓在幼茎的中央部分，占较大面积。幼茎髓部全由薄壁细胞组成，细胞分化不大。老茎因次生组织不断增加，髓部缩小，除薄壁细胞外，尚有分散其间的厚壁细胞。

（三）文冠果叶的解剖构造

文冠果叶的构造与一般双子叶植物相同，可分为表皮、叶肉、叶脉三部分。

1. 表皮

表皮包在叶片上、下两面，均由一层大小不等，形状有差异的细胞组成凹凸的波状层。细胞外壁有角质层，上表皮更厚。上表皮未见到气孔，下表皮分布着较多的气孔。横切面观气孔的两个保卫细胞呈圆球形、较小，位于表皮细胞内下角。

2. 叶肉

叶肉位于表皮内，占叶片大部分，分栅栏组织和海绵组织。

栅栏组织：靠近上表皮的叶肉细胞，与表皮呈垂直排列，2~4 层叠生，占叶肉 2/3，排列规则，紧密。细胞呈长柱状，细胞内有一细胞核及多粒沿壁分布的叶绿体。

海绵组织：位于下表皮以内，由圆形或略有分支的细胞组成，排列稀疏，胞间隙很大，细胞内有核及少量叶绿体。在侧脉附近的海绵组织，细胞转化为栅栏组织。

3. 叶脉

叶脉是叶内的维管束（输导束）。叶片中央的主脉称中脉，中脉由一个大型维管束组成,其中亦有韧皮部、木质部及射线。叶脉周围的细胞未分化成栅栏组织与海绵组织,而是由靠外的厚壁细胞和靠内的一些薄壁细胞构成隆起在叶背面的肋。侧脉位于叶片的两侧,维管束组织发育弱,其周围由大型而不含叶绿体的薄壁细胞组成维管束鞘,有些侧脉的维管束鞘形成一片与表皮相连接,称为维管束鞘伸展区。

文冠果的叶柄结构与中脉相似。它由一个大的维管束组成,其排列基本相同,但每个部分都较大,因此更加清晰。由于叶柄具有承载叶体以吸收更多阳光的功能,虽然其结构与叶中脉相同,但其同化组织不发达,而机械组织和运输组织相对发达。有明显分化的叶肉组织,其中栅栏组织多层乃至占据了部分海绵组织部位,这是阳性叶特点,强光或干燥条件一般促进栅栏组织发生。

根据上述分析,文冠果适宜在阳光充足、比较干燥而寒冷的地区生长发育,所以文冠果在我国北方地区分布范围广,适应性强,是北方地区很有发展前途的油料树种。

第二节　文冠果的生物学特征

文冠果的生物学及生理学特性的观察和研究,是制定文冠果合理的栽培技术措施的理论基础。因此,进行文冠果生物学特性的观察和生理学特性的研究,是十分有必要的。

一、物候期

文冠果喜欢光,但也能忍受半阴,耐寒、耐旱、耐涝。土壤要求并不严格,但最好生长在深度、肥沃且排水良好的微碱性土壤中。在生长期有间歇性封顶的习惯,应更多地追肥以促进旺盛的生长。它自然分布在海拔 400~1 400 m 的山区和丘陵地带。在微碱性土壤上生长良好,排水和通风良好,pH 值为 7.5~8.0。低湿地无法生长。根深,根损伤愈合能力差,裸根移植成活率低。文冠果结实期 2~3 年,生长期可达 200 年以上。目前,山西省北部发现的文冠果树最大树径为 188 cm,树龄超过 1 000 年,树高约 12 m。文冠果物候期因生长区域和生态条件的不同而有很大差异。以北京地区为例,白花开花最早,匀冠开花最晚,均值相差 2 天左右;匀冠与白花各个物候期差异显著,金冠初花期与白花差异显著,末花期与匀冠差异显著,说明金冠花期相对较长。文冠果开花时间从第 1 朵花开放至整个花序全部凋谢大概持续 11~13 天,盛花期大约在开花的第 3 天。花序长度随积温及日序变化呈现"慢—快—慢"的规律,花序长度生长有上限,符合 Logistic 模型。[1]

（一）物候期观察标准

（1）芽膨胀:鳞片沿芽的纵断面稍稍开展,尚未分离;
（2）芽展开:鳞片彼此分离,绿色幼芽自芽顶端冲出;
（3）展叶期:每一新梢上端的第一、第二叶序的叶片展开;
（4）开花期:第一批（约 5%）花的花冠完全开放时为初花,约 10% 的花开放时为盛花,大部分花柱头枯萎,时见落花时为末花;
（5）子房膨大:子房受粉,体积开始膨大;
（6）果实形成:果实体积不再膨大或膨大极其微小;
（7）果实成熟:果皮由绿色变为黄绿色至黄色,由具有光泽变为粗糙、果实尖端微微裂开,种子由乳白色变为粉红色、棕红色最后变为黑褐色。

（二）文冠果的物候期

文冠果物候期与温度密切相关:当一天的平均温度高于 5 ℃时,花蕾开始膨胀;当日平均温度保持在 10 ℃以上时,花序迅速伸长,芽、叶和花也迅速伸长;当日平均温度高于 15 ℃时,新梢停止生长,开始形成顶芽;果实生长期约为 100 天。开花早、果实成熟早、开花晚和果实成熟晚。当一天的平均温度低于 5 ℃时,树叶开始掉落。

1　周祎鸣,张莹,田晓华,等.基于积温的文冠果开花物候期预测模型的构建 [J]. 北京林业大学学报,2019（6）：13.

二、营养生长

树木营养主要指有机营养（如糖、淀粉、蛋白质等），有机营养和无机营养水平（例如，氮、磷和钾的供应）密切相关。在营养不足的情况下，加强无机营养的供应，如施肥，可以相应改善树木的营养状况，提高树木的生产和有机营养积累水平。因为营养生长是繁殖的前提，在营养生长方面，实践证明，早春灌溉和施肥对促进春梢营养生长、花芽分化和结果率具有显著效果。

（一）枝梢生长

文冠果的枝条按抽穗期可分为春季、夏季和秋季。春季，顶芽呈总状花序，基部有 3~4 个新芽，其中两个较长，另一个较短。春芽盖住后，经过一段时间的富集后形成顶芽。在良好的水肥条件下，一些春梢会长出夏梢。在秋天，如果雨水过多且集中，很容易形成秋芽。秋梢发生在春梢的顶芽，夏梢一般不发生在秋梢。树龄长的植物和生长在贫困地区的植物一般不会在夏季和秋季抽芽。

春梢处于开花和幼果生长期。春梢的适当生长非常重要。这不仅保证了果实在一年中后期的正常生长，而且关系到下一年开花坐果的有机营养供应。然而，如果春芽太多，将对花朵和幼果的生长产生不利影响。已经观察到，当花芽无法打开时，具有太多裸枝或太多新芽的植物会枯萎。夏季新梢处于果实体积增长的后期，种子正在发育和丰富。如果夏季嫩枝过多过旺，不仅对树木有益，而且对果实和种子的生长发育也有不良影响。秋梢处于花芽分化的花原基形成阶段。同时，秋梢封顶后只有大约一个月的生长期。叶尖不容易木质化，更不用说形成花蕾了。因此，秋梢不仅对树木有害，而且严重影响来年的坐果。因此，促进春梢生长，抑制夏秋梢抽穗，对促进树木健康生长，保持稳定高产具有重要意义。

树枝的生长与环境因素密切相关。根据青海省林业科学研究所的数据，文冠果的高径生长和地径生长与温度密切相关。温度的 10 天变化与新梢高度和直径的增加具有相同的曲线波动趋势。5 月初，日平均气温高于 10 ℃，株高和直径生长进入旺盛期，生长高峰出现在 17 ℃。

当温度合适时,水成为主导因素。例如,直径增长第二个峰值的出现与养分的供应和运行密切相关,8月(50.4 mm)的暴雨和月中的灌溉也是原因之一。

(二)芽的特性

文冠果芽有叶芽和混合芽两种。当叶芽插入枝条时,混合芽的顶部为总状花序,花序的基部插入3~4个新芽。一般来说,二年生枝的顶芽和靠近顶芽的几个腋芽是混合芽。不同的是,前者的总状花序有许多可育的花,可以形成穗,而后者基本上是雄花。真正的叶芽只是幼嫩的植物或枝条,栖息地较差或营养不足,导致生长乏力。顶芽和腋芽形成叶芽。这是因为芽的充分生长表明第一年的营养生长良好,树枝和芽中积累的有机养分丰富。

芽的发生与温度和水分密切相关。春芽出现在4月下旬,平均温度约为10 ℃;夏梢的平均温度约为20 ℃,即6月中下旬;秋梢的平均气温约为23 ℃,即8月1日和8月中旬。夏秋芽的发生也与水分有关。该地区的降水主要集中在6月、7月和8月,在此期间很容易拍摄两到三次。

(三)文冠果的发枝特性

文冠果树冠外缘的新芽大多是混合芽,只有少数是叶芽。树冠外缘70%~80%的枝条为结果枝,生长枝占20%~30%。在多年生枝上,结果枝的数量很少。根据调查的6棵母树数据,每棵母树有4根5年生枝条,平均4.9根,最多6根,至少3.5根。这些分支包括外边缘分支和内孔分支。生长枝平均数为74.1%,结果枝平均数仅为25.9%。在近3/4的不结果枝中,大多数是内孔枝。文冠果喜欢阳光,其内孔枝的光线较弱。新梢产生和积累的有机养分较少,影响花芽分化和有机养分的储存。如果能通过合理的修剪改善树内孔的光照条件,促进内孔枝中更多有机养分的合成和储存,可能是提高坐果率的重要措施之一。

（四）结果枝生长特性

结果枝结果多,新梢合成的有机物质大多集中向果实运输,新梢本身由于预留下的养料少,导致芽的分化和梢本身生长及养料贮备均受到抑制,从而影响到来年的生殖生长。

文冠果的结果枝即为前一年的春梢。这种春梢的顶芽为顶端复芽,芽抽放后抽出一小段果台枝,在这段果台枝上,发出 4 个新梢,其中两个较长、两个较短。这种新梢又为第二年的结果枝。

结果枝绝大部分着生于树冠的外缘,形成树冠外围结果现象,而树冠内膛却比较空虚,着生的枝条绝大部分为徒长枝。目前促使文冠果树冠内膛结果是合理修剪措施之一。

（五）根　系

文冠果的根系庞大、侧根发达、分布深广、皮层肥厚,保证了地上部分的所需水分和养分充分吸收。文冠果的根系结构可分为主根、主干根、侧根、须根和根毛五部分。以幼苗树为例,从根颈到地面垂直生长的根称为“主根”。从主根向四周倾斜生长的根称为“主干根”。由主干根产生的根称为“须根”。须根的顶端有一个生长点,延伸在生长点以上,上部是根毛部分,根毛密布,是吸收土壤养分和水分的主要器官。任何已种植但未移植的树木的主根都很明显。虽然移植树木的垂直主根不明显,但主根较短后,主干根和侧根发育,须根较多,根系良好。例如,一棵十年生的文冠果树可以有六根以上的主干根,根深可以达到 2.5 m以上,根宽可以达到 2 m 左右。根系主要分布在地表以下 20~150 cm土层中。由于其根系大,可以充分吸收和利用土壤中的水分和养分,以确保地上部分的生长。

1. 文冠果根系特性

文冠果根系特性主要表现以下几个方面。

第一: 根系的生长随栽培技术和立地条件以及土壤水分的具体情况而变化,如在地下水位高或含有石质的土壤中,其根系生长浅;在深厚和疏松的土壤上,其根系向深发展,一年生的实生苗木其主根可深达1.2 m,下扎的侧根可深达2.3 m;在地下水位低而又干燥疏松的土壤上,它的根系在深度和广度方面都会强烈的发展。

第二:主根深,抗旱性能强;

第三:根蘖萌发能力强;

第四:根系组织柔软,含水率达50%;

第五:根系愈合能力差。

文冠果的根系由于有上述特性,所以当实生苗或嫁接苗定植时,应将垂直主根适当剪去一段,务使切口平齐,易于愈合。同时,主根不宜留得过短,以免定植后,苗木摇摆,影响成活。又由于根部组织柔软,表皮很薄,极易折裂,所以对苗木的根系要很好保护;否则受伤部位易发生褐腐现象。

2. 文冠果根系生长动态

(1)年生长周期内文冠果根系生长动态。

从胚根生长开始到8月初,20 ℃的土壤温度是文冠果实根系旺盛生长的环境因子之一;当土壤温度为15 ℃时,根系生长速率下降,10 ℃以下生长微弱,5 ℃以下休眠。然而,7月根系生长速度的下降不是受土壤温度的影响,而可能是由于植物的自我调节,这使其进入了一个兼顾高生长和粗生长的生长过程。事实上,在初秋,当根长生长停止时,有一个以粗生长和养分储存为主的生长过程。

(2)文冠果根的昼夜生长特性。

根昼夜生长趋势是下午高,上午次之,夜晚低。这可能是由于上午有机物合成作用最强,充足的有机养料运往根系促进了根系下午的生长加速。有机物合成—运输形态建成—生长,这一过程的完成需5~6 h。

(3)不同深度土层内文冠果根的生长特性。

根系所处土层深度不同,生长速率也不一样。根系生长旺盛区从20~30 cm土层向30~40 cm土层的转移是明显的。

(4)文冠果幼根在早春的萌发和生长特性。

秋季,随着土壤温度的降低,根系逐渐停止生长。在深冬,随着土壤冻结,根系逐渐进入休眠状态。随着幼根的生长,根毛面积不断扩大。例如,一个新发育的幼根长12 cm,有22个一级侧根,最长侧根为

8.5 cm。整个新发育的幼根都有根毛。根毛长约 2 cm,像试管一样以刷子状排列,清晰可见。幼根的生长速度与土层深度密切相关。一般来说,离地表越近,幼根的生长速度越快,因为白天土壤表面温度较高。

（5）文冠果根与茎(梢)生长的相关性。

利用幼树的数据分析了根系生长和茎(芽)生长之间的相关性。从 5 月到 7 月初,根长的增长率一直很高,曲线呈平台状。由于新梢的长度生长在 6 月中旬基本停止,供应给根系的有机养分丰富,因此根系的长度生长始终保持较高的趋势。7 月中旬,根长生长迅速下降,而根径生长在此时达到峰值。此时,有机养分主要供应根系粗生长、木质化和养分储存。

随着根粗生长的降低,梢的粗生长于 7 月下旬至 8 月上旬再次出现增长峰值,以保证枝梢木质化和贮存有机养料,为安全越冬和来年发枝准备条件。9 月上旬,上述各生长活动逐渐减弱乃至停止。

地上部分的生长必须依赖根系吸收与供应水分和矿质元素,而根系的长度生长在前期始终处于旺盛状态,从而使根系获得了深广的吸收范围。

3. 文冠果母树根系生长特性

文冠果的根比较脆嫩,容易折断和受到伤害。一年生苗木,主根长度可达 1 m,较大的侧根有 20 条左右,多分布于 15~75 cm 土层内。文冠果定植以后,首先在根的截断处萌发新根,新根不断向下、向侧生长,形成新的根系。

文冠果根系庞大,侧根发达,分布深而广,皮层厚,使地上部分所需的水分和养分能够充分吸收、大量储存和及时供应。在正常干旱条件下,文冠果也能正常生长发育。这是文冠果对干旱和贫瘠具有较强适应性的生物学原因之一。

三、生殖

（一）文冠果的花芽分化

通过苗木繁殖形成的树木和通过无性繁殖方法(如嫁接)形成的树木具有早期形成花芽的习惯。影响花芽形成的外部环境条件主要是光照、温度、水、土壤等，它们是综合的、相互关联的、互有影响的。为了促进文冠果树连年高产，必须期望每年在树冠的外围和内孔中合理、均匀地分布足够数量的花芽，这些花芽的分化应具有适当比例的孕花和不孕花。这样，不仅可以避免因过度开花而浪费树体内的养分，而且有利于多果和果实发育。解决这一矛盾的具体途径是根据文冠果花芽分化过程中的生长情况，在注重土壤耕作、多次追肥和及时排水灌溉的同时，进行合理的修剪。合理的修剪可以达到疏花疏果、保护果实、增产的效果。

文冠果花芽分化可分为分化准备阶段、小花原始体分化阶段、花原始体形成阶段、花性分化阶段、花性转化阶段。

（1）分化准备阶段。

本阶段在芽内积累大量有机营养物质，给花芽分化过程创造物质基础。

第一，分化准备开始：文冠果6月下旬春梢高度生长基本停止，顶芽迅速形成，此时的顶芽不断地分生鳞片原基，从而生长点的宽度有周期性的变化，当新的鳞片原基形成时，生长点的宽度变小，而在新的鳞片原基形成之前，生长点的宽度变到最大。到7月上旬鳞片原基分生基本结束，生长点宽度稳定，突起略呈弧形。

第二，花芽原基形成：7月中旬，花芽分化形成，经过急速的细胞分裂后，因生长点的分生速度较四周组织分生力强，导致生长点隆起，同时生长点向上延伸，生长点上部变平，于是进入花芽原基形成阶段。

（2）小花原始体分化阶段。

本阶段主要是花序上每一朵花的原始体形成。

第一，小花原基分化：7月中、下旬，花序原基急速延伸，分化极为强烈，开始形成时，生长点的突起分化成几个小突起，即为多个苞片的原始体，同时苞片原始体迅速分生形成苞片。紧接着在每一个突起苞片原始体上分生一凸状小花原基。

第二，花萼原基分化：8月末小花的花萼原始体开始形成，同时花序上的小花花瓣原基开始出现。花序上的小花原基数，越来越多，到8月下旬已达7轮。

（3）花原始体形成阶段。

花瓣原基分化：8月小花的花瓣原基出现，到12月20日左右，花瓣原始体形成，花萼原基形成后，生长极为迅速，花芽中部生长点继续分化,位于生长点四周形成五个小突起,即为花瓣原基。花瓣原基形成后,生长较为缓慢,此期花比花萼要小得多。

（4）花性分化阶段。

第一,雄蕊原基的分化:次年1月20日左右到3月底,雌蕊原基出现,在花瓣原基出现之后,小花生长点继续分化,于生长点周围形成8个小突起,为雄蕊原基。

第二,雌蕊原基分化:当雄蕊原基形成之后,于次年的3月底,位于花芽中央的生长点向上隆起,即为雌蕊原基。

（5）花性的转化阶段。

次年从3月底到次年4月中旬,在花蕾早期,可以看到文冠果顶部和侧面花蕾上的每朵花都有通常在花蕾初期发育的雄蕊和雌蕊。只有在花芽发育的后期,即花前一个月左右,花的性发育才有差异,孕花和不孕花之间也有差异。在孕花芽发育后期,花丝变短,花药不开裂,花粉粒皱缩,子房发育正常;不孕花,早期子房芽萎缩退化,雄蕊正常,花丝长,花药开裂,散粉(图2-4)。

图2-4　花

以上花芽分化的过程,可以看出文冠果的花芽分化有它的特殊性,即花性分化期在3月下旬,这时雄蕊原基形成,雌蕊原基出现。

在文冠果花芽的实际分化过程中,由于外部环境条件(光照、养分、水分等)的影响,即同一棵树不同枝条上的花芽仍具有不同的分化顺序。

在一定的水分和营养条件下,在一定的季节,剥离或切割文冠果的顶芽可以促进侧花转化为可育花序,提高文冠果坐果率。

（二）文冠果花的性别分化

3月至4月中旬在花的蕾前期可见文冠果的顶生、侧生花序上的每一朵花都具有发育的雌、雄蕊部分,仅于花蕾发育后期即花前一个月(4月20日左右)才产生了差异,有了孕花与不孕花的区别。在花蕾后期发育过程中,孕花的花丝不再伸长,明显短于子房,花药不开裂,花粉呈干瘪状,而在此期间子房却迅速膨大,发育正常;不孕花子房很快退化、萎缩,雄蕊花丝正常,花药开裂,正常散粉。

从胚、小孢子母细胞、减数分裂后的四分体到新生小孢子(单核期),小孢子发育没有显著差异。然而,当小孢子从单核期进入双核期时,出现了明显的差异:不孕花小孢子,即花粉粒大、饱满、含量丰富,尤其含有大量淀粉粒;但孕花的情况正好相反。小孢子中淀粉粒的增加是小孢子正常生长发育的关键。

在文冠果孕花中,由于雌蕊表现出较强的生长势,消耗了大量营养物质,而处于争夺营养物质的雄蕊群,由于未获充分养料供应而使花药处于饥饿状态,从而造成雄蕊败育(图2-5)。

| 雌花 | 雌花雌蕊 | 雌花雌蕊纵切 |
| 雄花 | 雄花 | 雄花雌蕊 |

图2-5　重瓣型文冠果雌雄花形态差异

（三）文冠果大、小孢子的形成

胚囊是在珠心内形成的。珠心最初是一团均一的细胞，珠被尚未发育，其中有一个着色较深、较大的细胞，就是孢原细胞。

（四）文冠果开花特性

1. 文冠果花序的伸长

文冠果结实母树，一般情况下枝梢的顶芽和近顶芽端的部分腋芽为混合芽，开放时形成总状花序，其新梢着生在花序基部。

2. 文冠果的花型

文冠果花分为可孕花和不可孕花。可孕花雄蕊退化，表现为花丝短、花药不开裂、花粉粒败育，但子房生长发育正常，可授粉受精；不可孕花子房退化、雄蕊生长发育正常，表现为花丝长，花粉粒生长发育好，花药可开裂散粉（图 2-6）。

内红型（单性花）　　内红型（两性花）　　泛红型（单性花）　　泛红型（两性花）

全红型（单性花）　　全红型（两性花）　　浅红型（单性花）　　浅红型（两性花）

图 2-6　花型

"妍希"（图 2-7）是从山东省东营市胜大生态林场 8 年生实生文冠果群体中选育出的观赏用新品种。花先叶抽出或与叶同时抽出。总状花序，重瓣花，花瓣 16~20 片不等，雌、雄蕊全部瓣化，内轮瓣状物上可见黄色花药的残迹,不能结实,花瓣基部为柠檬黄至黄绿色,上部白色,卷合状且扭曲不规则,外缘花瓣稍大些,内部细小,呈条状,花瓣平均长约 1.2 cm,宽约 0.25 cm,苞片 3 片,萼片 5 片。在东营地区 5 月初开花,花期约 25 天。[1]

图 2-7 "妍希"花型

具重瓣花的母树从不结实,因而树势健旺,树形健美,俗称"骡子树"。在大面积文冠果林地内,这类植株占 1%~4%。"骡子树"如何演化而来已引起广泛关注,但尚无人专门深入研究,未见更多报道。

3. 文冠果开花和落花

文冠果开花时期因年份而稍有变化。一朵花可开放 6 天,一个花序开放 8 天以上;一株母树开花持续时间为 12~25 天;花瓣基部斑晕,由黄色变为紫红色需经 3 天。

可孕花与不孕花开放和脱落的进程不一样。

开花:可孕花迅速、集中,不孕花开放缓慢,持续时间较长,这就保证了所有可孕花都有授粉受精的机会。

落花:可孕花落花极少,仅占 7.8%,且集中在三天内脱落,不孕花

---

1 敖妍,马履一,苏淑钗,等.观赏用文冠果新品种'妍华'[J].园艺学报,2018,45(11):2269-2270.

落花持续9天,前3天内落花达63.5%。可孕花开放时,花柱伸长,柱头上产生黏液,便于授粉;不孕花开放时,雄蕊花药开裂散粉。

四、果实的生长

文冠果的孕花授粉后,子房开始扩张。正常发育的果实在6月中旬生长最快,7月中旬迅速进入籽粒灌浆期。在此期间,种子中的脂肪积累最大,并且脂肪积累随着种子干重的变化而增加。在8月的前10天,果实进入成熟期,皮层和种脐之间形成了分离层。成熟果实的颜色从绿色变为黄褐色,光滑的果皮变得粗糙。与此同时,果皮开始开裂。完全成熟的种子的脂肪含量高于放牧收获的种子。因此,除了采取措施提高果实产量外,提高果实中种子脂肪含量也非常重要。施肥可以促进种子早期脂肪的积累,特别是有机肥可以显著增加籽粒中磷和钾的积累。磷和钾积累的增加也导致脂肪积累的增加。

（一）文冠果果实形态

文冠果的果实形状多种多样,包括圆形、扁平、平顶(柱状)、长尖、桃形、三角形、倒卵形和穗状花序。果实体积的差异也很大。平均果长约6 cm,直径约5.5 cm。最大果长可达10 cm,直径约8 cm。一般来说,果实越大,种子越多,千粒重越高。然而,情况并非总是如此。有些母树果实大,果皮厚,种子小;有些母树果实大,果皮薄,种子多,1 000粒种子的重量并不低。文冠果的果实通常由3~4心皮组成,少数果实由2或5心皮组成。每室种子数为4~6粒,每果种子数可达32粒。

文冠果二心皮果实占总果数的2.4%,每果含种子16粒;三心皮果占80%,每果16粒;四心皮果占15.3%,每果19粒;五心皮果占2.3%。果穗着果数量最少1个果,一般2~3个果;穗状果最多一穗12个果,一般5~7个果。约70个果实可产种子1 kg。

据调查,文冠果果形与种子产量有一定的关系。圆锥形,特别是平锥形和平锥形,表皮薄,种子多,通常种子产量高。然而,果实形状不是很稳定(图2-8)。在同一棵母树或甚至同一根果枝上,偶尔可以看到两种以上的果实形状。心皮数没有遗传特征。在文冠果类型的分类中,果实形状只能是其中一个因素,而不是唯一的因素;根据心皮数划分类型甚至命名产品都没有科学依据。

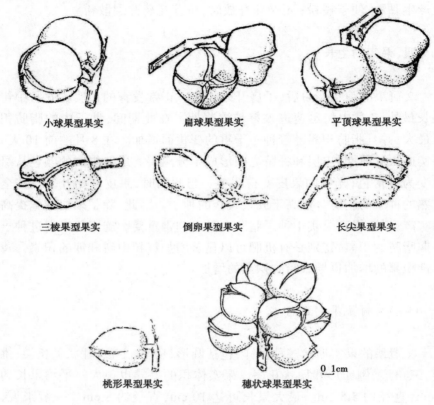

图 2-8　文冠果果实形状图

（二）文冠果落果特性

授粉后，子房开始扩张，果实开始掉落。文冠果落果可分为两个阶段：第一阶段为 5 月 29 日至 6 月初，落果时间短，落果多；第二阶段为 6 月 10 日至月底，其特点是持续时间长，果实脱落少。虽然文冠果幼果的脱落可分为两个阶段，但导致这两个阶段幼果脱落的主导因素是相同的，即树的营养不能满足所有幼果生长发育的需要，一些幼果必须停止生长并迅速脱落，因为它们得不到足够的营养。事实上，这是一个自动调整过程。第一阶段的落果是正常的、不可避免的，甚至是必要的，因为它避免了不必要的有机养分消耗，使其集中精力供应少量幼果，并促进其生长发育。当然，这并不意味着种植的树木越多越好。可以根据环境条件和树木状况进行控制:土壤肥沃,水分充足,前一年积累的养分更多,因此树木会强壮结实,果实会更多;相反,果实少也是一种自然现象。由此可见,为树木的生长发育创造良好的条件,积累更多的养分,对提高坐果率具有重要意义。

第二阶段是第一阶段的延续。第一阶段落果后,幼果不多。一开始,它们可以获得正常生长发育所需的营养。然而,随着幼果的生长,对营养素的需求日益增加。因此,在生长发育过程中,部分生长势较弱的幼果停止生长发育,形成第二阶段落果。在此阶段,尽快清除生长潜力较弱的幼果具有积极意义。还有一个落果阶段,即果实生长发育后期的落果。这一阶段的落果主要发生在 7~8 月。导致落果的主要因素有两个:机械落果、病虫害落果(疾病导致的黄叶落果或虫害导致的落果)。后一种现象相对少见。一般而言,与生理落果相比,机械落果和害虫落果的数量较少,但在特殊情况下,其危害也很严重。种植后,绝对有必要密切注意培育优良的树形和牢固的休息,以防止机械落果。

（三）文冠果的坐果率

文冠果幼果期有两个落果阶段。在果实生长发育的后期,由于大风、断枝和害虫的影响,果实掉落后,坐果率确实不高。由于果枝结果实较多,树体内储存和积累的有机养分减少,可能导致树体损失,影响花芽分化和来年坐果。因此,从稳产高产的角度来看,坐果率的上限应为10%。从目前的坐果率来看,提高坐果率仍有一定的潜力。

以文冠果种子产量为核心提高经济产量是基本措施,但不是唯一措施。促进树木结瘤的问题,减少停止分支的问题,以增加轴承分支的数量,促进水果和种子的生长发育,提高其质量,从而提高果实种子率、种子产量和种子含油率等质量指标,实现整体增产的目标。结合这些措施,效果将比单纯关注坐果率强得多。

（四）文冠果果实生长

可孕花受粉以后,子房开始膨大。6 月上、中旬,果实的纵、横径增长最快;从 7 月上旬开始,曲线趋于平稳,果实生长减缓。

果径的增长有两个高峰:6 月上旬,即第一阶段落果之后,果径增长出现第一个高峰；6月中、下旬出现第二个高峰，这个高峰持续的时间长，是果实体积增长的关键时期。第二个生长高峰的出现，与第二阶段脱落的果实在此期间停止生长有一定的相关性。文冠果果实（图2-9）形状主要由遗传物质决定，具有高遗传稳定性和母性效应，而与种实数量、质量相关的性状具有较高的可塑性，说明文冠果种实（子代）能够适应更广阔的环境，具有更宽的生态幅。[1]

图2-9　文冠果果实

五、文冠果的种子产量

文冠果的一些一年生幼苗可以在同一年形成花蕾，个别幼树可以在第二年开花并结果。然而，在一般的栽培条件下，种苗后需要1~2年的时间才能慢下来，然后才能形成花蕾。因此，3~4年生幼树开花和结果是正常的。在一定时期内，随着母树年龄的增长，单株种子产量将相应地呈波浪式增长；20年左右后，种子产量增长缓慢，但稳定；对于100年左右的母树，单株产量可能达到最大值，然后开始下降；母树的结实年龄上限尚不清楚。只有树龄为270年的古树才能产生10 kg以上的种子。据调查，栽培型种子质量优于野生型，主要表现为种子大、饱满、含油量高。此外，以优良品种和壮苗培育的成熟林和幼林具有良好的林型、生长力、颜色和产量。

1　王俊杰，乔鑫，徐红江，等."金冠霞帔"文冠果种实性状可塑性[J].生态学杂志，2019，38（2）：476-485.

（一）种子特性

（1）种子：球形，直径为 1.0~1.5 cm；未成熟种子白色，逐渐变为粉红色；成熟的湿种子为黑色，具光泽；风干后的种子呈暗褐色，光泽消失，种脐白色（图 2-10）。

图 2-10 种子

（2）种仁：种皮内有一棕色膜包着种仁。种仁乳白色，重量约为种子重的 1/2。异形双子叶，其中一子叶较肥大，一子叶较瘦小，均向一面卷曲，前者包着后者。两子叶之间为胚，不甚明显，胚根明显。种子萌发出土时子叶仍留在种皮内，一同残留土层内。

（3）种子千粒重。一般为 600~1 250 g，最重者可达 2 500 g 左右。

（4）种子的壳仁比：测定种子的壳仁比，以种子的壳为 1，种子的壳仁比可由 1∶0.9 到 1∶1.5。

（二）种子产量

文冠果定植后，在一般情况下 3~5 年才可结果。以后，随着树龄的增加，种子产量也呈逐波式的递增。其次，在林地经营管理条件较好的情况下，其树株结实率亦是逐年上升的。

一般情况下，种植 30 年后进入盛果期，盛果期单株种子产量在 15~50 kg。目前，在加强合理管理的条件下，文冠果在人工栽培林中的全果期可以提前，大、小年间隔可以完全克服。实践证明，合理的施肥、灌溉、修剪和保护可以达到文冠果稳产高产的目的。

第三节　文冠果的生理学特性

目前对文冠果的生理特性知之甚少。然而,在文冠果的栽培和管理中,以文冠果生理学知识为指导是非常必要的。本节对文冠果的几个生理问题进行了初步探讨,主要包括以下几个方面:文冠果主要生理活动强度的季节变化;文冠果果实生长过程中有机营养物质的运输方向;文冠果产油量的生理分析。

一、文冠果种子生长发育过程中内含物的转化

文冠果经过子房受精和幼果膨大,直至幼果脱落的两个高峰,此时幼果仍处于正常生长发育状态,尚未形成坚硬的种子仁,即幼果在 6 月 20 日左右时,种子主要为液体;大约从 6 月 30 日起,种子开始形成小而硬的种子粒,仍然被种子粒液体包围。因此,从这一时期开始研究了内核内容的转换。籽粒的主要成分是糖,其中硬粒的总糖质量分数为 9.2%,籽粒液的可溶性糖质量分数为 45.4%;蛋白质氮和可溶性氮质量分数在整个生育期处于最高水平。

从籽粒内容物的转化来看,脂肪在果实和种子生长发育的整个过程中都有所增加,但速度并不相同。6 月 30 日至 7 月 20 日,脂肪质量分数缓慢增加,平均每天增加 0.35 个百分点;在 7 月 20 日至 30 日的 10 天内,脂肪质量分数从 43.0% 迅速增加到 62.0%,平均每天增加 1.9 个百分点,增长率是前 20 天的 5.4 倍;到 8 月 10 日,脂肪的积累基本完成,达到 68.0%,在种子采集前仅略有增加。随着籽粒脂肪质量分数的增加,其他成分质量分数普遍降低。其中,总糖质量分数从 6 月 30 日的 54.5% 下降到 8 月 10 日的 8.1%,可溶性糖也下降到 7.6%,这表明在此期间糖积极转化为脂肪。从 8 月 10 日至 20 日,脂肪质量分数略有增加,而总糖质量分数在此期间增加了 2.4%。氨质量分数也随着脂肪的合成而降低,蛋白质氮从 6 月 30 日的 6.9% 下降到 8 月 10 日的 1.6%。这

种氮的变化不是向脂肪的转化,而是蛋白质的相对含量随着籽粒重量的快速增加而降低。甚至可以理解,在种子生长发育的早期阶段,种子中积累了足够的蛋白质,一些功能蛋白质参与了种子内核的生长发育和内含物的转化过程。物种可能发生变化,但总量保持不变,但相对含量降低。

对于成熟的果实和种子而言,其基本质量指标为:每果种粒数8.6~23 粒,平均为 17.7 粒;果实出子率 22%~59%,平均为 40.9%,种子出仁率 45%~57.4%,平均为 52.3%;种仁含油率 56.6%~68.8%,平均为 63.0%。这些指标因母树的"种质"而异,随环境条件和管理水平而变化。

二、文冠果种子高温催芽期的生理变化

用于播种育苗的文冠果种子,北方地区一般在 11 月土壤冻结前进行混沙埋藏低温处理,次年 4 月上旬取出进行高温催芽。

(一)高温催芽期主要内含物的转化

文冠果种子在高温萌发过程中,生命活动处于活跃状态,其主要内容为:它处于相互转化的过程中,为种子在物质和能量上的萌发做准备。在高温萌发过程中,上述籽粒含量的变化趋势是脂肪、蛋白质等大分子物质逐渐水解,但小分子物质并没有大量积累,呈现出前期增加、后期减少的趋势。这种转化趋势与此时的种子萌发、幼根伸长和新的形态发生相一致。脂肪被水解成脂肪酸,其中一部分被运输到幼根形态发生的生长点,另一部分通过氧化和乙醛酸循环转化成糖,糖不积累。它将被用作形态发生的原料或通过氧化为萌发和生长过程提供能量;蛋白质被分解成氨基酸,可溶性氨基酸不是为了积累,而是运输到生长部位合成新的蛋白质并参与新的形态发生。这就是小分子有机物在高温发芽过程中含量变化的原因,因为它处于生长、利用和消耗的动态过程中。

总之,处于萌发状态的种子,其内部的生理活动空前活跃,其特点是大分子有机物质如脂肪、蛋白质等的减少,简单的小分子物质有的稍有增加,有的先增后降。总的来说,大分子物质减少的量与小分子物质增加的量并不相等,前者比后者要多一些。这只是表面现象,实际上此时种子内部进行着物质水解—小分子物质转化与运输—有机物氧化与能量贮存—新的有机化合物的合成—形态建成等错综复杂而又有条不紊

的活跃的生理活动,最终导致胚根生长并突破种皮,人们肉眼可见到的一种新的生命现象——萌发开始了。

（二）高温催芽期种仁内含物转化与酶活性

1. 脂肪转化与脂肪酶活性

在脂肪含量方面,子叶的脂肪含量总是缓慢下降,而幼根的脂肪含量从第三天开始增加,第五天之后略有下降。这里显示的是子叶脂肪的水解和幼根中新脂肪的合成,以及新形态发生的用途。从脂肪酸的变化可以看出,子叶和幼根的脂肪酸含量由于子叶的水解而增加,然而,脂肪酸的数量显著减少,但幼根没有增加,这应该表明脂肪酸被运输到幼根以合成新的脂肪并参与幼根的形成。脂肪酶不仅促进脂肪水解,而且作用于脂肪合成。然后结合子叶和幼根中脂肪和脂肪酸含量的增加和减少以及子叶和幼根中脂肪酶活性的变化进行分析:子叶中的脂肪酶活性在早期处于高水平,导致子叶脂肪水解;幼根中脂肪酶活性的快速增加主导了幼根中新脂肪的合成,并为幼根的形态发生做准备。

2. 碳水化合物转化与相关酶活性

糖类物质不但是呼吸基质,也是种子萌发时形态建成的原料。

3. 含氮物质转化与蛋白酶活性

文冠果种子从低温处理到高温萌发过程中含氮物质和蛋白酶活性的转化,高温处理初期,子叶和幼根的蛋白酶活性较高,后期下降;蛋白酶活性高,促进子叶蛋白质水解,导致中期子叶氨基酸积累;当种子发芽时,子叶的氨基酸碱基较少,但幼根的氨基酸含量和蛋白质质量显著提高。这为幼根的生长提供了充足的氮,是胚根转化为幼根及其萌发和生长的最重要物质基础。

三、文冠果坐果特性及落果机理

培育和发展文冠果的主要目的是获得较高的种子产量。因此，了解开花和坐果习性、授粉和花粉萌发特性、内源激素与坐果的关系以及幼果脱落机制，对提高坐果率和实现高产具有重要意义。

（一）文冠果开花、坐果习性

文冠果新梢于 6 月下旬或 7 月上旬停止长度生长而形成顶芽，俗称封顶。顶芽封顶即开始花芽分化至次年春天结束。一般而言，二年生枝顶芽形成可孕花。侧芽形成不孕花。二年生枝侧芽形成不孕花的花芽数量与其长度有关，通常 2~3 个，若营养条件好，先年新梢生长健旺，侧花序将增多。

由顶芽萌发形成的顶端总状花序有 30~50 朵小花。其特点是子房发育正常，有花药存在但花丝很短，花粉粒未正常发育，花药不开裂散粉，因此这类花仅起雄花作用，称为可孕花。

侧生花序发生于二年生枝羽状复叶叶柄基部，每一花序约 30 朵小花，其子房退化。而雄蕊发育正常，花丝长度为可孕花退化雄蕊花丝长度的 2~3 倍，且花药开裂散粉，起雄花作用。

假如生境条件优越，枝条粗壮，枝内有机营养物质丰富，最典型例子是徒长枝，其部分侧芽也可能形成可孕花，甚至受精坐果。

（二）文冠果花粉萌发及授粉特性

1. 不同形态特征母树花粉萌发特性

从文冠果形态上观察，枝梢及叶背面有无短绒毛，以及花初开颜色为白色还是黄色，是主要的形态特性，无毛类型（黄色，白花）花粉在 2 h 内萌发率均较低（20%~80%），同期有毛类型母树花粉萌发率达55.68%，比前者高一倍以上。供试母树花粉萌发均在 8 h 达最大值，其中有毛类型母树花粉萌发率比其他 3 株母树高 11%~24%。同为无毛黄花类型的两株母树,其花粉最大萌发率相差 10% 以上,这又似乎表明,花粉萌发特性与母树形态特征无紧密关系。

2. 不同产量状况母树与花粉萌发

尽管总体而言似乎丰产母树花粉萌发较快、萌发率较高,但由于两类型母树的不同单株间存在明显差异,因此很难说花粉萌发率与母树结实状况有直接关系。从另一角度看,文冠果基本上是异株花粉授粉植物,能在丰产母树柱头上萌发并对其结实产生影响的是异株花粉,而丰产母树花粉则是授在其他母树上并影响其结果。

3. 花粉萌发与受粉枝状态的关系

同一母树的花枝令其处于不同状态下:在母树上自然生长,剪下花枝插入水中,置 15℃室温;离体花枝插入水中,置 28℃温箱。受粉后 5 h 和 12 h 从柱头上取下花粉观察萌发率;对照花粉在室温下用 10% 蔗糖溶液培养。室温和自然条件下均为 15 ℃。十分明显,温度较高对花粉萌发有积极促进作用;在相同温度条件下,自然生长条件下授粉比离体条件下授粉花粉萌发率高。

花柱提取液内包含了花粉萌发所必需的一切因素,如维生素、生长素、微量元素等,因此比任何单因素实验的萌发率都高。同时也说明,对照的萌发率很低,是因为培养液中除了水和蔗糖,不含花粉萌发所必需的其他物质的缘故。

(三)文冠果幼果生长特性

文冠果雌花开放时,中央为花柱明显的子房,子房周围为未正常生长发育的 8 枚退化雄蕊所包围。此时子房横切面如图 2-11(a)所示。

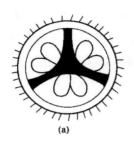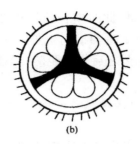

（a）　　　　　　　　　　　　（b）

图 2-11　子房和刚受精幼果横截面

（a）子房横截面：纵径 2.8 mm，横径 2.3 mm；（b）受精 5 天幼果横截面：

纵径 3.1 mm，横径 2.7 mm

雌花受粉以前，从图 2-11（a）子房横切面观察，果圆形，外皮具毛，三心室每室可见到 2 粒胚珠，胚珠明亮、饱满。子房授粉受精之后，幼果开始生长膨大，胚珠生长很快，5 天内体积明显增大 [图 2-11（b）]。

由于树体贮存的有机养料不能满足所有幼果生长发育的需要，其中40%~70% 幼果在受精后 5~10 天内脱落，出现第一次落果高峰。未脱落幼果由于获得了足够的有机养料而迅速生长发育，外观上已呈棱形，三心皮者呈三棱形，外果皮表面毛变得稀疏；未脱落幼果中，生长势较弱，由于在继续争夺养料过程中不力从而停止生长发育，但此时仍着生在果轴上。将已脱落幼果、停止生长幼果和正常生长发育幼果各取一果制成横截面如图 2-12 所示。

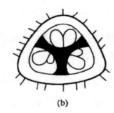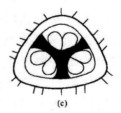

（a）　　　　　　　　　　（b）　　　　　　　　　（c）

图 2-12　第一次幼果脱落期不同状态幼果横截面

（a）脱落幼果：纵径 7.0 mm，横径 6.1 mm；（b）停止生长幼果；（c）正常生长幼果：

纵径 11.9 mm，横径 15.7 mm

由图 2-12 可知：脱落幼果中仅少数胚珠正常，多数胚珠已明显萎缩，说明已停止生长；已停止生长但仍宿存果轴的幼果，其中大部分胚珠生长正常，但有一部分胚珠明显萎缩表明亦已停止生长；正常生长幼果，其胚珠全部生长正常，明亮饱满。另外，脱落幼果纵径大于横径，而正常生长幼果,此时横径超过纵径,说明胚珠正向种子转化,且体积生长很快,促进了果实横向生长。应该说,那部分停止生长但仍着生在果轴的幼果,不久之后也将脱落,于是导致出现第二次落果高峰。

（四）文冠果幼果落果机理分析

根据文冠果有机物质运输与累积方面的研究资料可知:二年生枝抽放花序的同时,当年新梢也抽梢放叶,这两个同时进行的生长过程所需有机养料均由二年生枝和更老枝条在先一年的有机养料贮备供给;花序约 30 朵雌花授粉、子房受精形成幼果,由于老的枝条贮存的有机养料不可能满足全部幼果生长发育的需要,导致大部分幼果停止发育,表现为胚珠不同程度萎缩;胚珠的萎缩诱导形成离层,出现幼果第一次落果高峰;在停止生长幼果中,有一部分幼果只有少数胚珠萎缩,第一次落果中保存下来宿存果穗;经第一次落果之后幸存下来的正常生长幼果,仍由于有机养料不能满足全部幸存者的需要,其中生长势弱的幼果,又因不能获得继续生长发育所必需的有机养料而停止生长;这两部分停止生长幼果内源激素 ABA 含量增加,诱导离层生成,导致幼果脱落出现第二次峰值,但其中少数即将脱落幼果仍宿存果穗直至干瘪;与上述生殖生长进程的同时,营养生长健旺,新梢迅速生长直至"封顶",叶面积达最大,光合作用达最强,合成有机物质的能力达最高;当年新梢制造的有机养料开始输往果穗,经果实膨大期第二次落果高潮之后保存下来的幼果,由于得到当年新梢供给的丰富而充足的营养物质,于是加速生长、发育、充实,直至成熟。因此认为,引起幼果停止生长发育的因素是老的枝条贮存的有机营养物质不能满足所有幼果生长的需求,于是树体进行自我调节,以牺牲大部分幼果为代价换取少数幼果正常生长发育,以保持"种"的延续。这里,内源激素 ABA 是这一进程诱导产生的,其主要作用是形成离层,使已停止生长幼果得以及时脱落,从而保证树体养料不致被浪费。

植物种子越大,其种子萌发的幼苗抗逆性越强,且较大种子幼苗总繁殖率较高,所以在相对贫瘠的风沙土中选择减少种子数量、种子大粒化的方式来保证子代存活的概率，这与野核桃的研究结果一致。[1]

（五）如何正确看待文冠果的坐果率

如何提高坐果率对于发展文冠果至关重要。

1. 营养状况是影响坐果率的重要因素

从文冠果种仁成分分析来看，60% 以上为脂肪，约 30% 为蛋白质，约 10% 为糖类物质。文冠果种子所含的高级营养物质和高能量贮存，水果是不能与之相提并论的。在解决优良种质的基础上，对母树集约经营管理，根据需求提供所必需的水、肥条件，是提高文冠果坐果率的重要因素。

2. 在坐果率计算上要保持公正

文冠果结果枝顶生花序为可孕花，而同龄枝有几个侧芽萌发不孕花，前者起雌花作用，后者向雌花提供花粉。开花时放眼望去，繁花似锦，景色优美，若业外人士观之则难分雌雄，这不足为怪。而业内人士，往往将包括雄花在内的总花数为基数来计算坐果率，这是有失公正的。因此，如果以雌花数为基数计算坐果率，绝不可能得出"千花一果"结论，而且随着基因组学研究的迅速发展，生殖生态学、生殖生理学与生殖遗传学等生态 – 遗传学科的交叉，成为生殖调控技术研究热点问题，为解决文冠果"千花一果"问题，提供有效手段。

3. 一部分幼果脱落是正常现象

任何植物的坐果率都不可能达到 100%，部分雌花不受精，或部分幼果由于某种原因停止生长发育而脱落，都是正常现象。只是由于其他植物不像文冠果那样繁花满树，没有给人以花特别多的感觉，加上坐

1　王俊杰，乔鑫，徐红江，等."金冠霞帔"文冠果种实性状可塑性 [J].生态学杂志，2019，38（2）：476-485.

果率也确实较低,于是就给人很深刻的印象。试想,文冠果顶生花序有30朵左右可孕花,假如每朵雌花都受精坐果,每个幼果都正常生长发育至成熟,那该需要供给多少有机物质,树体能否生产和供给这么多有机物质,以及果枝能否承受这么大重量呢?这么大量的需求和这么重的负担,树体显然无法承受,于是通过自我调节,在力所能及的范围内保证一部分果实成熟,而令其大部分幼果脱落,这是一种无可指责的自然现象。

四、种仁脂肪累积与内含物转化的关系

文冠果种仁脂肪含量因母树而有较大差异,最高接近70%,最低仅为40%,一般为60%左右。立地条件相同,管理措施一致,种仁脂肪含量竟有如此大的差别,这只能从种质因素及其表现型——代谢类型探索原因了。

从种仁脂肪合成与主要内含物转化的关系来看,脂肪含量高的母树,相对而言氮类物质和糖类物质较少,特别是在果实生长发育前期,这种差别尤为明显。果皮糖类物质含量高和糖代谢活跃,与种仁脂肪累积量较高这两者之间可能存在相关性,尤其是果皮前期糖类物质多,对种仁脂肪合成更具有促进作用。

磷素和钾素都与碳水化合物的合成和输导有着密切关系。众所周知,碳水化合物是合成脂肪的原料,在种仁内含物转化和脂肪合成的活跃期,磷素和钾素对碳水化合物的合成、运输与转化,交替起着促进作用。这就是为什么在上述提高种仁脂肪产量的试验中,凡是种仁含磷、钾较多的处理,其脂肪产量也增高的原因。虽然对磷、钾交替作用的机理尚不清楚,但在果实成熟之前施入磷、钾肥料,对于促进种仁脂肪累积具有积极意义是不容置疑的。

应该指出,关于提高脂肪产量的试验研究工作,今天仔细推敲存在两个问题:一是大面积进行大肥大水管理不容易做到;二是没有将由于种质差异所导致的经济性状差别考虑进去,从而可能放大其试验结果。那么,既然这样为什么还将这部分内容保留下来呢?我们认为有这样的作用,如果今后有人想开展类似工作,可以从这里取得启示或经验,从而改进工作。

五、文冠果生理特性与丰产栽培

文冠果生理特性研究的目的是：从更深层次了解该树种的本性；探索现有栽培技术措施的科学依据。据此进一步制定丰产栽培技术规程，使文冠果研究工作与栽培事业走上科学轨道，令其又好又快向前发展。根据理论研究成果，结合生产实际问题，以丰产为目的，提出下列5个问题进行分析和讨论。

（一）关于种子处理的问题

文冠果种子播种前必须经过处理。生产上一般在深秋土壤冻结前进行混湿沙埋藏低温处理，次年4月播前进行高温催芽处理（处理技术将在壮苗培育章节详述），只有这样，才能达到育苗的场圃发芽率高、发芽整齐、苗木质量好的目标。种子生理研究资料指出，混沙埋藏低温处理的作用是：软化种皮，令其透水透气；在处理过程中抑制萌发的内源激素ABA逐渐消失，而促进萌发的内源激素IAA则缓慢增长，这就为种子萌发准备了基本条件。经低温处理的种子，播种前7~10天进行高温催芽处理，其主要作用是：将相关酶从束缚状态释放出来，催化各自的生化反应，使种子处于活跃的生理状态；大分子的蛋白质水解为氨基酸，淀粉水解为糖类物质，脂肪水解为甘油和脂肪酸，其中一部分脂肪酸经 β 氧化转化为糖类物质。上述各小分子物质由贮存部位向胚运输，在酶的催化下合成胚根、胚芽生长所需的新的蛋白质、脂肪、糖类等结构物质，进行新的形态建成；一部分糖类物质经氧化作用产生并向萌发过程提供能量。上述这一系列生理、生化活动，诱导种脐裂咀、胚根伸出导致萌发。

弄清了种子处理的机理，就会自觉地采用上述两个处理过程来处理用于播种的种子。培养壮苗是文冠果栽培的基础，种子处理是培养壮苗的第一关，其重要意义就不言而喻了。不过，根据上述资料，低温处理期可由5个月缩短到2~3个月就够了；假如没有鼠害和兔害，时间长些并无害处。

（二）关于异株花粉授粉的问题

根据上述研究资料，文冠果本株花粉授粉，可孕花不受精或受精率很低，从而导致不坐果或坐果率很低。目前的生产水平是混杂种子播种育苗，混杂的苗木定植，不存在因花粉来源影响坐果的问题。未来选优繁优和实现良种化、品种化之后，在进行造林设计时，务必避免用单一品种苗木营造大面积林地的现象，而是用多个品种苗木混交栽植才能保证正常授粉、受精、坐果。这是今后在更高层次上发展文冠果生产应注意的问题。

（三）关于营养生长和生殖生长的问题

前面谈到，文冠果开花坐果和抽梢放叶这两个生长过程同步进行：幼果期和果实膨大期，这两个生长过程都需从树体获取有机养料，从而诱发营养生长，其坐果率必定偏低；坐果多，又必然导致枝梢生长纤弱。那种以抑制营养生长而促进生殖生长的做法是一种短视行为，因为营养生长受抑必然产生枝弱叶少，从而导致后期有机物合成水平低，果实和种子必定生长发育不良而果小子瘪，而且弱小的枝梢也不能保障来年结实。这种现象在生产中屡见不鲜。正确的态度是，既要有较高的坐果率，又要保障枝梢长度的合理生长，在两者之间保持适度平衡。这种平衡不用人为干预，树体能进行自我调节，合理解决这一问题。过去曾有疏花疏果一说，实际上这是不智之举，我们也曾这样做过。道理很简单，且不说千亩万亩大面积林地无法将疏果作为增产措施予以实施，更重要的是，幼果停止生长初始阶段，无法从形态上正确区分正常幼果与停止生长幼果，说不定你将前者"疏"了而留下了后者，其结果是花费大量人力反而降低了坐果率。我们能做的是，采种后加强管理使树体复壮，使枝条贮存更多的有机养料，从而促进两个生长过程都得以正常生长。

（四）关于落果和坐果率的问题

前述指出，由于营养生长与生殖生长重叠进行，树体进行自我调节来处理这对矛盾,具体而言就是停止大量幼果生长发育,以有限的树体贮存的养料保障这两个过程平衡发展。大部分幼果停止发育便诱发内源激素 ABA 合成,促进离层形成,于是出现第一次落果高峰。之后,保存下来的幼果由于得到了有机养料而生长,但由于这些幼果"胃口"不断增大,幼果之间又出现对有机养料的争夺,其中生长势弱的幼果又停止生长发育。这一情况在 10~15 天内处于动态过程中,即幼果生长→部分停止生长发育→落果→幸存者又正常生长→又一部分停止生长而脱落或宿存果稳,所以第二次落果时间长,落果曲线呈起伏状,峰值不高。

上述幼果的脱落,都属正常现象。根据小枝叶面积、叶片合成有机物质能力和每果正常生长发育所需供应养料的叶片数等综合分析,坐果率正常情况下应在 6%~8%,达到 10% 已算高值。盲目追求坐果率将出现下列不利影响:一是有机养料供应矛盾问题,坐果多而枝梢生长纤弱,7 月开始有机物质合成能力低,不仅果实和种子生长发育受阻,而且树体无力复壮而可能出现隔年结实现象;二是幼果多养料少,所谓"僧多粥少",果实和种子生长发育不良,导致果实出子率、种子千粒重、种子出仁率和种仁含油率降低;果穗和树体不堪重负,可能造成后期大风袭击折枝落果。因此,我们主张在加强采后管理促进树体复壮和枝梢对有机物质的充足贮存之后,对坐果率采取顺其自然的态度。

（五）关于有机养料制造、输导和累积的问题

（1）开花坐果和抽梢放叶重叠进行的约一个月内,这两个生长更老枝条、主干或根系,因此采种后采取措施使树体复壮和贮存尽可能丰富的有机养料,是提高次年坐果率和保证新梢合理生长的基础。

（2）6 月末至 7 月初,新梢停止长度生长而封顶,叶面积达到最大,叶片合成能力达到最强,此时合成的有机物质最多,除满足果穗之需外,尚有 20% 可运往树体的其他部位。

（3）采种后叶片光合速率将于 9 月上旬出现年生长周期内的第二次峰值。提高坐果率的关键是:采种后加强管理,促进树体复壮和枝条尽可能贮存更多有机养料;果实和种子生长发育和提高种子质量。提高产量的关键是:采取措施促进树体 7 月上旬光合作用生产尽可能多的有机养料,保障果实和种子生长发育的需要。

基于此,我们对文冠果母树林的管理,提出"两肥两水"技术措施,

即 6 月末施果肥并灌水,促进果实和种子生长发育,以提高种子产量;7 月末或 8 月初施"复壮肥"并灌水,促进第二次光合高峰期合成更多养料,保障母树采后复壮对有机养料的需求和树体各部位贮存养料的需要。

六、文冠果的生理学问题

（一）文冠果的主要生理活动强度的季节变化

文冠果的种子产量是由叶子的光合作用提供有机养料而形成的。因此,关于文冠果的生理学问题,无疑要探讨与叶子光合作用有关的几个主要生理功能。这些功能,在一个生长季中,呈规律性的变化。

文冠果在一个年生长周期中,各项生理活动是有规律地变化的。5 月下旬,即开花期,植株的生理活动是微弱的,如 5 月 29 日的光合作用强度还不到 7 月 4 日的 1/7,蒸腾作用强度不足 1/3。此时的叶绿素含量达 2.4 mg/g,是全年最高值。虽然叶绿素含量高,但光合作用强度低,这可能是叶片幼嫩时的特点。特别应注意的是,这时叶面积很小,总光合作用自然也很低。这时蒸腾作用较强,蒸腾系数(每形成 1 g 干物质消耗水的毫升数)为全年最高值(424),因此光合生产率处于最低水平。正如前面已经提到的,此时一系列生长发育过程所需要的养料主要来自先一年贮藏在枝条、主干和根系的有机物质。7 月上旬,果实体积增长很快,种子也开始了充实和发育,整个植株的生命活动处于非常旺盛阶段。文冠果的各项生理活动此时也大大加强,光合作用强度达到 1.602 g/(m·h),呼吸运输强度为 0.592 g/(m·h),蒸腾作用强度为 272 g/(m·h)。叶绿素含量虽然稍稍降低,但由于光合作用强度增加很多,故此时的光合生产率是整个生长季中最高的,这时叶面积已很大,整个光合作用很高。这时蒸腾系数已降到最低点(170),水分利用效率(光合生产率)在全年中最高。由于叶子制造的有机养料大大增加,促进了果实的生长和种子的发育,加速了春梢的生长和充实,树体也开始了有机养料的贮存。

8 月上、中旬,果实开始成熟,对有机养料的需要大大减少,此时各项生理活动也随之降低。如 8 月 13 日光合作用强度只有 7 月 4 日的一半,呼吸和运输强度只有 1/3。

8 月下旬,光合作用强度进一步降低,呼吸运输强度及蒸腾作用强度则开始增高。9 月中旬,光合作用和呼吸运输强度同时出现整个生长季的第二个高峰,主要是由于芽的分化需要大量的养料和树体大量贮存有机物质的缘故。叶片呼吸运输强度增高的另一个原因是,寒秋即将来临,必须加紧将叶里的有机物向枝条、主干和根系输送,以贮存越冬。

上述资料说明,文冠果几项主要生理活动强度有节奏的变化,是植株本身生长发育所固有的特性。这种固有特性的具体表现,总是依赖于一定的环境条件的,其中,明显的是气候的季节性周期的反映。

（二）文冠果果实生长期有机养料的运输方向

在正常情况下当年的春梢在进入 8 月后,其光合作用所生成的养料可能已不供应相邻果实,而是向其他部位运输。这显然与之后的花芽分化和在植株体内有机养料的贮藏有密切关系。在讨论种子充实过程的物质来源时,除了要注意各部位枝条向种子供应有机养料外,还应注意果皮与种子充实的关系。文冠果的果皮极其肥厚,含有丰富的有机营养物质,这样的果皮在种子充实的过程中,将提供相当数量的有机物。下列资料很能说明这个问题:种子成熟前（8 月 8 日）果皮含脂肪 2.76%,含蛋白质 4.90%,含糖类 18.30%,种子成熟以后上述三类物质分别降为 0.01%,3.74%,10.82%。这三类物质共计减少了 11.39%,其中糖占 66%,脂肪占 24%,蛋白质占 10%。种子与果皮的质量比约为 1∶1.5,即 1 000 g 种子约有 1 500 g 果皮。1 500 g 果皮减少了 11.39%,即减少了 171 g 物质。

第一,从 8 月 8 日到 20 日,A 型 V 期的种子千粒重增加 149 g,其中脂肪增加 86 g。果皮重量的减少和种子重量的增加是相伴发生的,这是果皮在果实接近成熟时将其内含物向种子转运的有力证据。在种子充实过程中,肥厚的种皮中的有机养料被动员并运向种子,这是植物界的普遍现象。这种有机养料的再分配关系,可能与后期春梢的有机养料转而运向他处是相互联系的。这里,至少可以说肥厚的果皮起着有机养料中间贮藏库的作用。从上列数据可以看出,进入 8 月之后,果皮中的有机养料转移到种子中。此外,尚有多余的部分,在正常情况下,此多余部分可能也运向枝、干,但在环割的情况下,强迫这部分多余的养料运向了种子。

第二,B 型环制保持着果穗与春梢之间的联系,而切断了与二年生枝条、老枝、主干和根系的联系。该处理花期环割（Ⅰ），幼果枯落，这说明花期所需要的养料必须全部依靠老枝、主干和根系供应。幼果期（Ⅰ）环割，果实得到了发育，但千粒重仍然低于对照，这说明幼果生长发育所需要的物质，有一部分可由春梢供应，但仍需要由老枝或主干或根系供应一部分。虽然在果实生长发育后期，春梢所制造的养料对满足果穗的需要已绰绰有余，但由于幼果期营养不足，或者某种生长发育必需物质未能在必需的时候得到，因此即使后期养料供应充裕，果实的生长发育也表现出不正常的征候，即种子千粒重比对照低。后三期环割，种子千粒重都比对照高，这说明从 6 月 23 日前后开始，春梢所制造的养料，不仅完全能保证果实和种子生长发育的需要，而且还有一部分要向老枝、主干或根系输送。环割处理切断了其外运通道，有机物质便只好集中供应果穗，因此种子千粒重比对照高 163~170 g。

第三，C 型环制切断了二年生枝条与老枝、主干和根系的联系，而保持着二年生枝条与当年新梢和果穗之间的联系。花期和幼果期环割，幼果虽未枯落，但千粒重仍然低于对照。这表明，花期和幼果期所需要的有机养料，仅仅靠二年生枝条供应仍是不够的，还必须依赖老枝、主干和根系，或者是某种生长发育必需的物质必须由主干或根系供给。与 B 型环割一样，从Ⅰ期环割起，种子千粒重反而比对照高，这同样说明，二年生枝条上的全部新梢所制造的有机营养物质，除了充分满足果穗的需要外，还有一部分向老枝、主干和根系输送。

如果将 B 型和 C 型的Ⅰ、Ⅳ、Ⅴ期环割处理进行比较，C 型的千粒重均低于 B 型，这进一步证明，从春梢停止延长生长而开始大量制造有机养料的时候起，二年生枝条上侧芽形成的新梢所制造的养料，在对果穗和主干的有机养料供应上意义不大。而由顶芽形成的春梢，当它开始大量制造有机养料时，就不仅是果实和种子生长发育的物质基础，而且也是老枝、主干和根系贮存物质的主要来源。

第四，在讨论 A 型Ⅴ期环制时曾提到，在果实接近成熟的时候，果皮将其中的内含物向种子转运的现象。但是，为什么 B、C 型Ⅴ期环割，其种子千粒重就没有明显的增加呢？前面已提到，在果实接近成熟的时候，不仅小枝不再向果穗供应有机养料，而且在果皮向种子转运有机养料的时候，还有一部分自果穗向小枝的反方向运输。A 型Ⅴ期环割，由于切断了果穗与小枝的全部通道，果皮的物质只能向种子转运，故种子千粒重增加明显。B、C 型Ⅴ期环剂，由于保持了果穗与小枝的通道，果皮内含物除向种子转化外,还有一部分运往小枝,故种子千粒重增加不甚显著。

从上面的试验可以看出,植物体内有机营养物质的运输方向问题是十分复杂的,但也是有规律的,即随着年生长周期的进展而有节奏地变化着。对于有机养料运输方向的有节奏的变化规律,了解得越深刻,越便于根据植株的具体情况,采取相应的技术措施,来调节植株的营养生长和生殖发育的关系。

这里应当着重指出的是,有机养料在植株体内的贮存不仅直接影响着树体本身的生长发育,而且,对于开花结实和提高种子产量也是极为重要的。树体养料的贮存又直接依赖于春梢的合理生长,因此,凡是控制春梢合理生长的技术措施,既有利于树体生长健壮,又有利于提高产量,以达到稳产高产的目的。

根据上面的资料,可以将文冠果果实的整个生长过程中,果穗与植株体有机营养物质的运输方向总结成如图 2-13 所示的示意图。

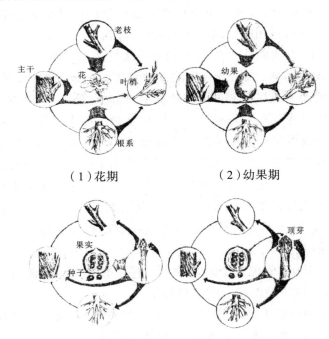

（1）花期　　　　　　（2）幼果期

（3）果实生长、种子充实期；（4）种子成熟前期

图 2-13　果实生长发育不同阶段有机养料运输方向示意图

（箭头示有机养料运输方向,箭身粗细示有机养料相对运输量）

（三）文冠果油脂产量的生理分析

　　大子叶是文冠果种子的主要贮藏组织,而油脂又是其主要贮藏物质,故大子叶中的脂肪含量较高。小子叶贮存淀粉比大子叶多 1.62%,因为淀粉比脂肪容易水解一些,这对于种子萌发时胚的初期生长对营养物质的需要是有意义的。大子叶的脂肪含量较高与大子叶细胞的体积较大直接有关。用大子叶的切片进行观察,在显微镜下的视野内,对照种子的大子叶平均为 16 个细胞,小子叶平均为 18 个细胞;根外喷施氮肥和磷肥的处理,种子的大子叶平均为 14 个细胞。在视野内细胞越少,细胞的体积就越大;细胞体积增大,内容物就增多,构成细胞壁的纤维素、半纤维素等物质所占的比重就相对减少,因此脂肪含量便提高。大子叶的脂肪含量比小子叶高,某些处理的种子其脂肪含量比对照高,这是原因之一。

　　综合上面的分析,我们可以得到油脂产量形成过程的基本知识。油脂产量是由下列互相联系的四个因素构成的。

　　（1）单位土地面积上的种子粒数:这是文冠果栽培管理的主要问题。对于成龄植株,要保持合理的栽植密度,在枝叶伸展后尽量使太阳光不漏到地面上或尽可能少漏到地面上,同时也要防止互相遮阴。最大限度地利用日光能是获得单位土地面积上最高种子产量的前提条件。

　　适宜的栽植密度能保证最大限度地利用日光能,只是最大限度地提供有机养料。这些光合作用产物可以主要用于营养体的生长,也可以主要用于充实种子。这就要求单位土地面积上每株平均坐果率较高,以容纳光合作用所生产的有机养料。对文冠果来说,客观上存在着大年、小年的问题,通过抚育管理要求达到平均单株有较高的坐果率,而绝不是最大的坐果率。

　　除此之外,还要求每个果实的平均籽粒数较高。因此,对于成片文冠果来说,单位土地面积上的籽粒数是:

单位土地面积上的株数 × 单株平均坐果数 × 果实平均籽粒数

对于宅边、地埂散生文冠果,上面的公式就不适用了。

　　对于成龄的文冠果林,影响单位土地面积上籽粒数目逐年变异的主要因素是单株平均坐果数。要克服大、小年,通过施肥、灌溉和修剪等措施,保证得到单株平均坐果数较高是生产的关键问题。

（2）种子的千粒重：表示 1 000 粒种子的质量。文冠果种子的千粒重变异幅度较大,通过施肥、灌溉等措施提高千粒重的潜力很大。因此,千粒重应视为决定单位面积种子产量的另一个重要指标。

（3）种子的仁壳比：文冠果种子仁壳比的变异幅度也是较大的。在单位土地面积的种子粒数和千粒重固定的条件下,高的仁壳比无疑是决定油脂产量的关键。同时,千粒重的高低又常依赖于仁壳比的高低。从油脂产量来看,争取高的仁壳比常常是提高油脂产量的重要指标。

（4）种仁脂肪含量：文冠果种仁大子叶与小子叶的比值,变异也是比较大的。凡是提高这一比值的措施,都有助于提高脂肪含量,从而是高油脂产量。而大子叶脂肪含量高的解剖学基础是细胞体积大。

以上 4 个方面决定着油脂产量。在这个认识的基础上可以得出一般性提高油脂产量的原则。第一,定植时要保证适宜的密度。第二,幼树管理上注意修剪,使成林后能获得最大的适宜叶面积。为此,过早结实对树型将产生不利影响。对成片林而言,以晚几年结实为好。第三,成龄结实的植株,在开花时,在优先保证开花坐果的条件下,维持适度的春梢生长,以争取较大的适宜坐果率。第四,自然落果之后,通过抚育管理保证每个果实得到充足的有机养料,从而使种子千粒重高、仁壳比高、大子叶与小子叶比值高、种仁脂肪含量高。

第四节　文冠果的适生环境条件

文冠果各器官生长发育过程是相互联系而又相互制约的,按着本身的规律进行活动。达到花期后紧接着就是抽放春梢;盛花期后春梢生长缓慢,开始大量落花,这时子房迅速膨大形成幼果,新的矛盾是养分不能满足全部幼果生长的需要,因而开始大量落果;同时果枝上剩余的幼果部分生长势弱的幼果,得不到养分,被迫自行停止发育,陆续脱落。最后剩余的幼果生活力强养分充足,果实体积的迅速增大,达到品种特性一定程度的大小时,开始充实种仁,种子内部由液泡状态逐渐形成种仁。充实种子的同时,由于雨季的到来,水分充足,开始了夏梢的生长,花芽开始分化,果实进入成熟阶段的同时,秋梢开始生长,而秋梢抽放时期正是花芽分化的花芽原基形成时期,秋梢由于只有一个多月的生长期是不易达到木质化的。所以,秋梢的抽放对树体是有害的,因此,树体管理的措施应着重促进春梢的生长,控制夏梢和秋梢的发生。

一、文冠果分布区的气候条件

文冠果自然分布区域内的主要气候条件是:一月平均气温 −16.7~−0.2 ℃,7 月平均气温 22.4~27.6 ℃,年平均气温 4.1~14.2 ℃,气温年较差 27.2~39.2 ℃,绝对最低气温 −33.9 ℃;年降水量 140.7~984.3 mm;全年日照时数 2 341~3 168 h,全年日照百分率 53%~72%。

文冠果主要分布区在我国暖温带气候区内。整个分布区的年平均气温 3.3~15.6 ℃,1 月平均气温为 −19.4~0.2 ℃,7 月平均气温 13.6~32.4 ℃,绝对最高气温 38.9 ℃,绝对最低气温 −36.4 ℃,年平均降水量 43~969 mm,无霜期 120~233 d,年日照时数 1 616~3 124 h。这表明,文冠果分布区向更寒冷、更干旱区域扩展。

综合上述可知,文冠果作为北方地区的乡土树种,在长期与环境的相互影响、相互作用过程中,对北方地区寒冷、干旱、多风沙的环境条件已经适应。在北方的油料树种中,唯独山杏可与之媲美,这是非常可贵的特性。

栽培文冠果主要是解决油源问题,建成稳产丰产的种子林收获种子是目前栽培的目的。决定文冠果种子林丰产的因素,往往因栽培地区的不同,而对其主要环境因素的要求也不相同。例如赤峰地区干旱少雨,年降雨量仅 300 mm 左右而多集中于 6~8 月,春旱为阻碍文冠果生长发育和结实的主要环境因素。而在雨量充沛各月降水量分配适宜以及易于解决水源的地区,水就不是阻碍生长发育和结实的主要环境因素,而其他因素就可能成为阻碍生长和结果的主要环境因素。

1. 温度

文冠果为自然分布范围广泛的木本油料树种。由于该树种长期在自然环境中生存,形成了对高温严寒的适应性。在绝对最高气温 43.3 ℃ 的淮河以北徐州地区,文冠果可以正常生长;在绝对最低气温零下 41.4 ℃的黑龙江省哈尔滨,文冠果可以安全越冬。文冠果在赤峰地区,是乡土树种,该地区的气温,据资料记载,属大陆性气候,年平均气温 4.0~7.5 ℃,最高气温 42.5 ℃,最低气温 –31.4 ℃,全年连续 10 ℃以上积温在 28~80 ℃,生长期 140 天,终霜期南部四月中旬,北部 5 月上旬,初霜期南部 9 月下旬、北部 9 月中旬,无霜期北部 120 天,南部 150 天左右。文冠果的各种生长期与气温有密切的关系,据观察在生长期内遇到低温,文冠果树各部分器官的抵抗力也不相同,如花期和幼果期对低温的抵抗力就弱,晚霜形成的表土冻层对正在萌发的种子或初出土的幼苗却无显著的影响。所以,文冠果的花期和幼果期应注意低温,在低温来到前应做好防霜工作。

2. 湿度

湿度包括大气湿度和土壤湿度两种。文冠果在开花期即使林地能进行灌溉,但由于林地周围缺林的影响,形成大气干旱,易形成严重落花落果现象。土壤湿度主要指土壤含水量,文冠果对干旱虽有较强的忍耐力,例如在雨量极为稀少年仅 148.2 mm 的宁夏回族自治区有散生文冠果的存在,但欲达到丰产栽培,则必须保证生长发育和结果以必需的水分(包括降雨和灌水),不少生动事例,可说明上述问题。再如,翁旗经济林场资料,灌水施肥的栽培小区比不灌水施肥的栽培小区增加结实植株率 9~29 倍,增加结实量 17~32 倍。

在壤土地区栽培文冠果栽培含水量应保持在 12% 左右,砂土地区则应保持在 6% 左右,低于上述栽培含水量则应进行灌溉。

在文冠果栽培工作中,我们常可看到这种情况,即文冠果播种在肥沃的土壤上如苗圃地,苗木当年就能形成花芽,次年就开花结果。而播种在缺水少肥的瘠薄、干旱的丘陵地上,3~4 年后地上部分才开始生长。

文冠果在一般栽培条件下,大部分植株要到 8~14 年后才开花结果,以后随着树龄的增加,种子产量相应地上升。但种子产量和质量,随着单株间优劣性状表现不同而有所差异外,栽培管理措施不同的影响也是很重要的。

文冠果育苗,应于播种前,灌足苗畦内的底水,在播种后仍需灌一次大水,等待出苗。凡结果的树应灌足花前、花后,结冻前灌三遍水,灌水时应和施肥、土壤管理等措施密切结合起来,灌水后及时锄地保墒,减少水分蒸发,并应注意灌水次数不宜频繁,非特别干旱时,可不灌水,以免发生根腐现象。

二、文冠果分布区的土壤与植被条件

(一)适宜生长的土壤类型

文冠果适应性虽是指其生存条件而言,它在土壤和立地条件较差的情况下,极易形成小老树,树势欠旺,产量很低或不结果;而在栽培和立地条件以及管理条件较好的情况下,栽植后可以迅速成林,树势健旺,达到稳产丰产的目的。两者比较,后者比前者以七年生幼龄树为例,生长量可提高一倍,种子产量可提高2~8倍。因此,栽植文冠果由于经营的目的不同,对土壤和立地的要求也不相同。欲使其达到稳产丰产则必须对土壤和立地条件进行必要的选择。山地栽培应选择阳坡,坡度不宜超过30°,土层要在60 cm以上。土石山区最好挖坑栽植。平原应栽植在深厚的壤土或沙质壤土上。沙地由于粗沙或石砾成分较多,土粒间孔隙大,毛细管少,保水保肥力差,一定要进行土壤改良后才可栽植。盐碱地和地下水位高的阴湿地不宜栽植文冠果。

文冠果对土壤条件要求不严,荒山、丘陵、沟壑、沙地均可正常生长。文冠果适生区立地条件概括为以下几类。

(1)石质山地地区,如赤峰市巴林左旗石房子林场,曾有300余亩文冠果天然林,分布范围为坡度8°~30°、海拔600~1 340 m;大青山坝口地区,表土流失,基岩裸露,土层厚度仅为0.1~1.0 m,但文冠果成活率达85%以上,三年开始结实。在宁城县原山头公社调查中,甚至在裸露的岩石缝隙中,曾见到生长发育正常且正结实的文冠果植株。

(2)黄土丘陵区,如赤峰市三眼井地区,土层较厚而贫瘠,曾发现树龄达90年的文冠果,树高达12.1 m,胸径为33 cm。

(3)石灰性冲积平原地区,如赤峰市林业科学研究所文冠果林地,土壤pH值为8.0,碳酸钙含量达10%,但文冠果生长正常,5年生幼树平均株高约2.8 m,地径约8.5 cm,冠幅约3 m。

(4)固定半固定沙地,内蒙古的文冠果主要分布在典型草原-栗钙土地带到森林草原-黑钙土地带;河北、山西、辽宁、陕西、宁夏、甘肃等省（区）也是以栗钙土分布区居多。在文冠果自然分布范围内，土壤类型多种，但生长较好的林地，多数为沙质壤土或石灰质轻沙壤土。以砂岩和石灰岩、页岩、片麻岩风化的富含有机质，氮、磷、钾也较充分的土壤，最有利于文冠果的生长。

文冠果分布区的自然景观地带是温带森林草原 - 黑垆土地带，土壤以黄绵土占优势，其次是黑垆土、风沙土及山地褐土。另外在一些棕壤、粗骨棕壤、栗钙土、红胶土上也有文冠果的分布。分布区内土壤 pH 值为 7.0~8.5。但应该指出：虽然文冠果对土壤气候条件要求不高，但要将"能生存"和"最佳生境"区别开来，因此以生产种子为目的的文冠果林地，还是应选择背风向阳、土层较厚、地势较缓、肥力较高、中性沙壤土为佳。

营造文冠果林，不应按荒山荒地或一般造林方法对待，更应加强幼林的抚育管理。否则，由于选地不当，栽植粗放，管理不善，而导致林相不好，树势衰弱，不产种子或产量很低，有失营造的目的。

（二）文冠果分布区的植被

关于文冠果林地伴生物种，在《文冠果》一书中曾有介绍，主要有酸枣、兴安胡枝子、益母草、甘草等多年生草本和小灌木。在人工林地，伴生物种基本上是多年生草本植物。

文冠果天然林分布与植物群落结构密切相关，它不能与高大的乔木混交，只能和低矮的灌木或散生的稀冠乔木在一起。根据调查介绍，文冠果与刺槐混交，6 年生刺槐会将文冠果"吃掉"。文冠果与臭椿混交，文冠果生长中庸，结果量少。在北方地区常见的优势群落是文冠果 - 酸枣群落和文冠架 - 榛子群落。此外，还有胡枝子、平榛、黄荆条等灌木相伴。

第三章

文冠果良种繁育技术

　　文冠果良种的繁育有两种方式,有性繁殖和无性繁殖。在暂时没有遗传性能稳定的良种种子之前,文冠果同其他果树一样,需要无性繁殖才能保持本品种的特性。但不是说文冠果不可以播种繁殖,实生苗有其独特优势,即生产效率高,可以快速大规模繁育。无论是在大田里培育裸根苗,还是在设施里培育容器苗,均可以将文冠果以最低的成本,快速扩繁至几百万、几千万、几亿株规模,这对推动文冠果产业快速发展是极其有利的。实生苗,特别是良种的实生苗,是采穗圃、良种园、示范栽培园等快速建园良好的砧木来源。

　　文冠果的无性繁殖方法与其他果树类似,可以通过嫁接、扦插和组织培养等方式进行繁育。目前,嫁接繁育由于技术门槛相对较低,国内大多数文冠果企业、合作社或基地,均采用此办法进行新品种(系)、良种的快速扩繁。这种方法好处很多,抛去嫁接技术、管理技术不讲,单就砧木来说,也是有要求的。值得注意是,许多单位缺乏常识,为降低成本,专挑市场上最便宜的实生苗买,这些苗子往往是来源复杂、遗传性能良莠不一,野生种育成的,栽植后苗木自身的长势、枝干粗度、枝干长度、抗病力等遗传特质都很一般。如果用这种苗做砧木,那么嫁接后,新品种(系)或良种的性能就很难体现出来。目前,国内学者或专家,尚无人专门研究文冠果砧木。但是,与其他果树类似,砧木研究将是未来一个重要研究方向。

扦插育苗是文冠果的一个重要繁育途径。国内有许多学者或专家从事过相关研究,但是这些研究结果往往很不理想,无论是用嫩枝扦插、硬枝扦插,生根率很少有超过30%的。根插固然成苗率比较高,但存在操作复杂、成本高、效率低、受根部内生菌或外生菌影响比较大等缺点。根据笔者观察,野外的文冠果古树或大树,在风折或雷劈后,在断裂出的木质部与韧皮部之间,常常会有大量愈伤组织及枝条形成。盆栽的文冠果容器苗,在人为剪去地上部分,而且地上部分不留芽点的情况下,断口的木质部和韧皮部之间,也会产生大量愈伤组织以及新梢。由此可见文冠果扦插再生能力应该不差。事实上,新疆阿克苏天作之合牡丹文冠果产业发展有限公司,通过全光照喷雾扦插技术,已经成功解决了文冠果扦插育苗难的问题,插穗生根率接近100%。

植物组织培养是解决文冠果资源匮乏、达到快速繁殖、保持遗传性稳定的一个很好的方法。组织培养繁殖系数高,很大程度上解决了文冠果新品种(系)或良种苗木资源不足等问题。文冠果组织培养和遗传转化体系的建立,有利于通过基因克隆、基因编辑、基因敲除等手段,实现对文冠果分子生物学、细胞生物学和分子育种的研究,因此受到越来越多的学者的重视。令人遗憾的是,虽然近40年来,很多学者一直想解决文冠果组培快繁和遗传转化等问题,但都因存在这样那样的问题而没有彻底成功,特别是组培苗增殖系数低和生根难等问题,故而也没有实质性推动文冠果产业发展。值得庆贺的是,上海某外资企业,已经成果解决了组培苗生根等难题。但是,基于企业利益保护原则,该公司的解决方案并不对外公布,既不发表学术论文也不申请专利保护。他山之石可以攻玉。日本千叶大学的古在丰树教授发明的植物无糖组织快繁技术,在许多木本植物上获得成功,为解决文冠果组培苗增殖系数低和难生根等问题,提供了切实可行的解决方案。

文冠果无性繁殖,还可以通过压条、根蘖、分株等方式进行,但这不是常规选项。

第一节　播种育苗

一、大田直播育苗

文冠果播种育苗主要有三种模式：其一是大田直播育苗，其二是大田容器直播育苗，其三是设施容器育苗。最常见的是大田直播育苗或直播建园，但是随着近些年来市场上对容器苗的需求越来越大，市场上逐渐出现了后两种育苗方式，实力和技术一般的个体户、合作社和小微企业，多采取第二种育苗模式。有实力和技术的企业，多采用第三种模式。

（一）种子选择与贮藏

选择树势健旺、枝条粗壮、种子粒大、丰产性强、种子含油率高的植株作为采种母树。每7、8月间，当果皮由绿色变为黄褐色，种子由红褐色变为黑色时，即可采收。刚采下的果实不宜曝晒，可摊放在荫凉通风的地方，待果实半干或干裂时，剥去果皮，取出种子，再摊放在室内阴干。最好将种子装于麻袋等容器中，置于干燥、阴凉处贮藏。如需购置种子，尽量选择经过精选粒大、饱满、成熟度好、信誉度高的种源。千万别贪图便宜，而忽略质量，否则可能损失巨大。

（二）种子催芽与播种时间

如果秋季播种，种子为当年产自然干燥的种子，以8~10 mm筛过筛精选即可，无须特殊处理；如留待来年春播，除了过筛精选之外，还应该做好播种前的催芽工作。最好在当年秋冬季，以混沙埋藏低温处理或积雪层积催芽处理；若种子调拨太晚，可采用快速催芽法。

1.沙埋藏低温处理方法

土壤上冻前即 11 月下旬至 12 月上旬,准备好沙子并加水拌匀,适度以用手捏不出水,伸开手即散为宜。先用凉水浸泡种子 1 昼夜,然后种子与湿沙以 1:2 的比例混拌,并将其放入窖内或事先准备好的催芽坑内贮藏。催芽坑选择排水良好地段,坑宽、深分别为 1 m,长度根据种子数量决定。种子混沙堆积高度以不超过 70 cm 为宜,最上层覆盖 30 cm 湿沙土,并加强通气。第二年春季播种前 7 天取出,放入向阳、光照充足的高温催芽坑内,坑深 0.5~1.0 m,斜面冲着阳光照射的方向,宽度依据种子数量而定。坑表面用草帘子或者塑料薄膜覆盖,做好保湿,温度控制在 20~25 ℃,每日翻动两次,根据沙子水分损失情况补种水分。当有 25% 左右种子露白时即可播种。

2.快速催芽法

播种前 7 天左右,用 45~55 ℃水浸泡 3 天,每日换常温清水一次,捞出种子放入坑内,采用上述方法室外高温催芽。

以秋播为主,在文冠果采收后到土壤冻结前进行,根据地域不同,一般在 10 月下旬到 11 月下旬。秋季播种,程序简单,省时省工,且出苗整齐、出苗率高。

以春播为辅,在土壤解冻后进行,一般在 3 月中旬到 4 月底。春季播种,种子需要提前催芽或快速催芽,程序复杂,费时费工,且出苗不如秋播整齐,出苗率也不高。

(三)圃地选择

文冠果的适生区为黄土母质的山地、丘陵,沙地,不宜适排水不良的低湿地、重盐碱地、多石的山地;土层 50 cm 以上、坡度 ≤ 25°;适宜土壤类型为黑垆土、黄绵土、褐土、栗钙土、风沙土。因此,文冠果大田播种育苗,尽量选择地势平坦、土壤肥沃、视野开阔、有灌溉条件、交通便利的沙壤地作为苗圃地。"用好地、育壮苗"是文冠果育苗地选择的原则。如果不得不用沙土地和黏土地作育苗地,要适当增施腐熟堆肥,以改善土壤质地。通常在前一年秋季深翻 25 cm,以蓄水保墒,熟化土壤。切忌用蔬菜地或病虫害严重地育苗,如必须用应事先做好土壤灭菌杀虫工作。另外,文冠果育苗地不宜重茬。

（四）整地播种

应在当年秋季初冬（9~11 月）进行,可以平地开沟育苗,也可以起垄覆膜育苗。无论采用哪一种方式,均需提前施足基肥（农家肥、有机肥或复合肥）,然后用旋耕机松土整平。北方干旱地区采用低床为好。低床蓄水保墒,方便灌溉,对种子萌发和苗木生长都有良好作用。低床规格为有效床面宽 1.0~1.2 m,长度 10 m 或 15 m,步道（地埂）高 25 cm,宽 30 cm,苗床方向以南北为好,达到“地平埂直无坑凹,上虚下实无疙瘩”的要求,以方便精细管理。

北方较湿润地区,可以采用平地开沟、手工播种育苗。人跟在犁地机后面,随着犁地机开沟,将种子按照间隔 10~15 cm 的间距点播下去,开下一条沟时,土壤恰好可以将上一条沟浅浅覆盖（播种深度 3~5 cm）。每亩地播种量为 20~25 kg。秋季播种,将地旋耕耙平,开沟点播,株行距 15 cm×60 cm,沟深 6~8 cm,覆土厚度依据种粒径而定,一般近 3 cm,即可。春季播种,除用上述方法播种后,播后还应及时灌水,以喷灌为宜,出苗后加强水肥管理,直播栽植可以减少一年缓苗期。

文冠果直播育苗,还可以采用起垄覆膜整地的办法,垄宽 80~100 cm,垄高 20~30 cm,垄间距 30~50 cm。垄上覆盖黑膜或白膜,然后用玉米播种机滚动播种,每垄播种 4~5 行。这种播种方式的好处是:保墒蓄水;保温抑草;种子间隔距离高度可控,出苗整齐、幼苗水分养分利用均匀,苗木长势及规格一致。

（五）苗期管理

文冠果播种后只要土壤墒情好,尽量在种子发芽出土前不要灌溉,以免灌溉后土壤板结。幼苗怕水涝,苗木出齐后,为避免苗木根颈腐烂死亡,要少浇水、勤松土。如果必须浇水,以喷灌为佳。对于杂草,要“除早、除小、除了”,并以拔草为主,避免碰伤出土嫩芽。大部分种子发芽出土后,应以保苗为主,控制灌溉,进行“蹲苗”,促进根系生长发育,为苗木迅速生长打下基础。当幼苗高 10~15 cm 时,进行间苗,株距以 15~20 cm 为宜。缺苗时,可在阴天或傍晚带土移栽补苗。

一般苗圃地比较肥沃,要少施氮肥,多施磷肥,以免徒长、倒伏。根据文冠果苗木根系的生长规律,追肥宜早,最晚不得迟于 6 月上旬。6 月上旬施磷钾肥 3 kg/ 亩;8 月中旬施磷肥、钙肥 5 kg/ 亩。9 月要勤松土和除草,增加地温,加速秋季生长。苗木生长后期,停止一切加速苗木生长的措施,并在苗木基部培土,促进苗木木质化和提高苗木安全越冬能力。霜降前灌封冻水,注意防寒。

一、二年生大田苗均可出圃造林,如果是三年以上的大田苗,由于其扎根较深,毛细根均在主根或侧根的前端,地表 30 cm 之下的主根和侧根上几乎没有毛细根,起苗时苗木很少能够带上毛细根。而且,三年以上苗木,其个体之间水肥竞争激烈,导致苗木长势不良甚至早衰,不宜造林。

二、大田容器育苗

大田容器苗,也叫苗圃地杯苗,是一种相对低成本、高效率培育文冠果容器苗的办法。如前所述,比较适合实力和技术一般的个体户、合作社和小微企业。由于装袋、装杯基质往往就地取土,因此成本较低,适合培育大规格容器苗(容器高 15 cm 左右,直径 15~20 cm)。种子选择与贮藏与前面一致,种子催芽与播种时间,也与前面介绍的一致。因此,这里不再赘述。

(一)圃地选择

苗圃选择地势平坦、坡度小于 15° 的地方,文冠果耐半阴、瘠薄、盐碱,对土壤的适应性很强,光照充足地块适宜文冠果的生长,地势低洼、排水不好的重盐碱地不选作苗圃地。选择好苗圃地后,有条件的情况下可以沿圃地周围架设围栏,便于圃地育苗后日常管理。由于大田容器苗,为降低生产成本,一般不用轻基质或其他外来基质,基本是就地取土装杯,因此这种育苗方式对苗圃地土壤的要求较高,与前面介绍的基本是一致的。

（二）圃地整理

选择好苗圃地后，在每年春季 3 月下旬至 4 月初使用拖拉机浅翻 15~20 cm 或早秋 9 月下旬至 10 月初深翻 25~30 cm，在翻地前施用农家肥 4~6 m³/ 亩作为底肥或磷酸二铵(有效磷含量在 46%) 50 kg/ 亩，之后随翻随耙压，粉碎大的土块及农家肥。圃地培育杯苗，多选择挖 20 cm 深的畦子，在畦子内安放营养杯，在春季翻地后 1~2 d，可以在整好的地块做畦，畦宽 1.7 m，畦长不限，根据地长情况来掌握。每个畦子沿宽可装 8~10 个营养杯，每 8~10 个营养杯作为一垄，每排营养杯之间距离为 0~20 cm，根据除草实际需要机动掌握。

（三）播种与覆膜

播种前提前将装好的营养杯灌满土，手工播种，深度以 3 cm 左右为宜。播种时间可根据种子发芽时间确定(在 4 月 1 日左右)，以种子刚刚冒芽即可，出芽过长，在播种时会受到损害，不利于种子的生长。播种时，因文冠果种子是先扎根，所以将文冠果的种子胚芽放置最下面，播种时可用木制工具在营养杯内挖出小坑，将种子播撒在小坑里面，每个营养杯内可播种 2~3 粒，保证文冠果的出苗率。播好种子后，进行一次透水喷灌。无论秋季播种还是春季播种，播种后，最好用喷灌设备将营养杯喷灌一次透水，保证文冠果出苗所需的水分。秋季播种，可以不浇水。

在透水喷灌后，沿畦背覆盖地膜(地膜一般根据畦或垄的宽度选用透明的地膜即可)，需完全覆盖营养杯。覆地膜的作用，主要是保证水分不蒸发，减少因没有覆盖地膜造成杂草生长过快的现象，可减少拔草次数、节省人工，发现幼苗破土后，及时将地膜清除掉。如果地膜不及时地清理，则会因温度过高影响幼苗生长，覆盖地膜的出苗率相比没有覆地膜的要高出 10% 左右。

（四）苗期管理

文冠果大田杯苗，如果是秋季播种，一般会到来年春季的 4 月中下旬出苗，秋播出苗率高，出苗比较整齐划一。如果大田杯苗是春季播种，那么播种一般从 4 月下旬播种,到 5 月出苗后,在每个营养杯内保留 1 株生长旺盛、植株黑亮发绿的苗壮幼苗,其余的幼苗可拔除。苗期的管理主要是浇水与除草,但浇水的次数一定要控制在每月 1~2 次,原因是文冠果耐旱、不耐涝,当营养杯内的土壤湿度低于 40% 就需要及时地浇水,苗期的浇水一般以喷灌为主,根据水泵出水量调整喷水时间,每畦或垄控制在 30 min 或 50 min 左右;当营养杯内水分达到 80%,停止灌溉。喷灌既能保证水源的利用率,又能节省人工,保持苗床湿度。因 5 月地温还较低,所以不宜采取大水漫灌,有条件尽量采用喷灌。

苗期的除草,只能采用人工除草,每 15 天进行一次,具体的拔草时间,可根据营养杯及苗床或垄内草的高度来控制。当去掉地膜覆盖时,苗床内的草就会生长很旺盛,这时就需要及时除草。如果除草不及时,会因为草生长过快,与幼苗争夺水分及营养杯内的养分。当草生长高度超过幼苗时再拔草,就会因为草根带出幼苗。

文冠果苗期的主要病虫害有立枯病和猝倒病,其病菌以菌核在土壤或寄主病残体上越冬,腐生性较强,可在土壤内存活 2~3 年;立枯病发生的主要原因是肥料发酵不充分,出苗后生侧根之前,易发生立枯病,通常与出苗后环境湿度过大有关。当幼苗期有立枯病和猝倒病发生时,可喷洒敌克松、百菌清或多菌灵(浓度均为 800 倍液),具体喷药时间为每 15 天喷 1 次,连喷 2 次即可有效控制文冠果病害的发生,苗木成活率均达到 97% 以上。

三、温室容器育苗

(一)圃地选址与建设

苗圃宜设在交通方便,适当远离市区的地方。以生产造林苗木为主的苗圃宜设在造林地附近或周围,方便苗木移栽、运输。圃地要远离疫情发生区。苗圃宜靠近水源,如河流、湖泊等。如果没有天然水源,可以打井,修建蓄水池,提高灌溉用水的水温。地下水位最高不超过 1.5 m,灌溉用水含盐量不宜过高,一般不超过 0.15%。

1. 育苗温室

选择昼夜温差大、通风性能好的温室。如温室温差较小,则和大田育苗长势差别不大;如通风性能差,则容易形成大规模的病虫害。

2. 炼苗温室

容器苗出圃前应该在炼苗温室进行过渡。炼苗温室可覆盖防虫网,其遮光较少,无须日盖夜揭或前盖后揭,可在炼苗过程中全程覆盖。

(二)容器与基质

硬质塑料穴盘 53 cm×26 cm;高度 6 cm,底部有透气孔。穴盘内依次摆放无纺布轻基质段。无纺布网袋规格:口径 5 cm,高度 10 cm,无底。基质采用国产泥炭土、珍珠岩和凹凸棒(比例为 10:1:0.1),同时在基质中添加复合肥,用量为 2 kg/m³,混合拌匀后用全自动灌装机装袋。将灌装好的轻基质无纺布网袋放在穴盘中。在点种前用喷头将轻基质段淋透水,再用 0.1% 敌克松溶液消毒。

(三)种子选择与处理

容器育苗宜选用良种,种子播种品质应达到《林木种子质量分级》规定的Ⅰ级及以上种子。采收的种子保证自然成熟并晾干,按照来源地不同进行分批编号入库。

种子诱导催芽,可采用药物诱导和温床催芽方法。药物诱导分为三步,0.2% 恶霉灵浸泡 10 min,0.1% 赤霉素浸泡 30 min,0.2% 寡糖浸泡 30 min。诱导完的种子平铺到温床上,催芽室内温度保持在 20~25 ℃,每天用清水淋洒催芽床,保持催芽床湿润。经过 5 天左右,种子陆续开始露白,即可播种。

（四）播种

采用人工点种，灌装设备灌装容器完成，在穴盘摆放好，每一个无纺布轻基质袋放入1粒种子，播后覆土，厚度以不见种子为宜。随即浇水，然后转移到育苗温室。人工播种量在每天10 000株/组。

（五）苗期管理

1. 水肥管理

幼苗期（0~20天），种子在育苗温室生长一周左右，开始陆续生长出土。采用喷灌方式进行灌溉，分别在早晨和傍晚时间进行灌溉，注意控制水分，不宜浇水过多；速生期（20~40天），幼苗在经过半个月生长后，高度达到5 cm，要进行适量追肥，以复合肥为主。灌溉采用早晚喷灌方式补水，注意补水时间，施肥结束要立即喷灌。炼苗期（40~60天），速生的苗木要进行全日光室外炼苗。每天上午和下午淋水浇苗（阴天除外），使其适应外界的光照和气候。初步具备一定的木质化程度，茎秆粗壮，苗高20 cm以上，地径0.2 cm以上，符合商品化的苗木需求。

2. 病虫害防治

幼苗易患立枯病和猝倒病。种子萌芽出土后，每隔15天喷施1%敌克松溶液防治立枯病，喷施0.2%多菌灵溶液防治猝倒病，30天后喷施0.1%阿维菌素溶液防治红蜘蛛。

3. 除草

除草要掌握除早、除小、除了的原则，苗出齐后应及时除草。

（六）苗木出圃与分级

1. 起苗

出圃前一周追施一次 0.2% 磷酸二氢铵，能够提高造林成活率。出圃前一天喷施杀菌剂并浇透水，让基质充分吸水，保证苗木在运输过程中不缺水即可。

2. 苗木分级

文冠果苗木质量标准分三级。一级苗：苗龄 60 天，苗高 ≥ 30 cm，地径 ≥ 0.2 cm，须根数 10~15，主根长 ≥ 10 cm，茎干直立，木质化程度高。二级苗：苗龄 60 天，苗高 20~30 cm，地径 0.1~0.2 cm，须根数 8~10，主根长 5~10 cm，茎干木质化程度比较高。三级苗：苗龄 60 天，苗高 ≤ 20 cm，地径 ≤ 0.1 cm，须根数少于 8，主根长 ≤ 5 cm，茎干没有木质化。

第二节　嫁接繁育

由于文冠果用种子繁殖其子代遗传变异与分化很大，加之杂交败育，而枝条扦插又难生根，因而，对于低产林、低产树的改造，选用优良品种接穗，采用根接、截干嫁接、高位主枝嫁接进行换头改造，是非常有效的技术措施。

一、良种选择

选择经国家或省级审（认）定，并且在当地表现良好的良种及新品种。

二、接穗来源

接穗从专用采穗园、良种母树或良种纯正的丰产园中采集（图3-1）。

图 3-1 采集接穗

三、采穗母树要求

良种纯正、生长健壮、无病虫害、中幼龄。

四、穗条的采集与运输

（一）硬枝采集

2~3 月中旬采集一年生发育良好的枝条做接穗（硬枝嫁接、芽接用），选取枝条基径直径 4 mm 以上（越粗越好）、芽饱满、具顶芽、皮无损伤的枝条，用锋利剪枝剪或高枝剪剪下，剪口横截面与枝条长轴垂直，保证剪口最小；分类用冷藏箱（用冰袋、密封冰块袋等保持低温）保存、运输。

（二）嫩枝采集

当年生嫩枝，为嫁接时随用随采。

（三）带木质部嵌芽接采集

当年生发育好的带木质部大片芽。

五、硬枝接穗保湿处理与保存

采回后的接穗，按一定数量捆成小捆，保证剪口整齐，立即以直立方式用干净水培 12~24 h，每捆剪口迅速蘸加热融化石蜡溶液，将剪口密封，防止保存过程中接穗试水。接穗保存采用低温库或冰箱，进行低温湿藏、低温冷藏、低温湿沙埋藏 3 种方法保存，整个过程中保证芽、皮不要受到损伤。

六、硬枝嫁接方法

（一）嫁接时间

根接在春季土壤解冻达 10 cm 深度以下，树液刚开始流动，芽萌动前进行（辽西地区切接在清明前后）。干接、高枝接在芽绽放期与吐絮期均可（北京地区为 4 月 10 日前后），这有利于错时安排工期。

文冠果硬质嫁接主要采样切接法、劈接法。

（二）切接技术要点

根接的断砧高度在地面 6 cm 以下；干接与高枝接砧木剪口选取分生点部位（过去顶芽分生枝部位），选择砧木平直的一面，从横切面上垂直下切，深达 2~4 cm。再将准备好的枝条削取留有 2 个芽，长约 4 cm 的接穗，在接穗的下端没有芽的两侧面，削长约 2.5 cm 的斜切面，削面角度要求约 30°。尖斜度不宜过大,过大则空隙大,不容易与砧木密接,顶端要平,不可尖。

砧木和接穗切好后,迅速插入砧木切口中。将砧木和木质部的皮层对准,然后合拢砧木,靠紧砧木的木质部,再用缚扎物(塑料布)把伤口从下到上扎好,不露空隙,以减少蒸发,保证成活。绑缚好后,接穗上剪口与砧木剪枝口用防水漆或树木愈合剂涂抹,防止水分散失,有利于提高嫁接成活率。干接、高枝接的高度要兼顾园林苗木规格而定,还要考虑嫁接部位尽量要低,这样砧木根部供应水分、养分充足,有利于接口愈合。

（三）劈接技术要点

参照切接技术要点,与切接不同的是,要求砧木与接穗粗度相同,接穗削成对称楔形即可,保证两侧形成层对齐。此技术适合技术熟练嫁接工使用,成活率更高。

七、嫩枝劈接技术

（一）嫁接时间

嫩枝劈接的时间相对灵活,5 月下旬至 7 月中旬均可进行。

（二）技术要点

选择当年生幼苗与幼树新生枝做砧木,剪去顶梢后从中间劈开,然后剪取优树上的嫩枝(梢)作接穗,长 3~5 cm,摘除下部嫩叶,用利刀削成楔形切面(长 1.5~2.0 cm),保留 2~3 个芽,插入砧木切口,对准形成层并细致绑扎。砧木及接穗均处在幼嫩阶段,分生组织活跃,极易愈合,且接口牢固。但嫩枝嫩梢嫁接时气温已开始升高,嫩梢容易失水,最好是就地嫁接,选择阴天进行,并注意嫁接过程中保湿(图 3-2)。

图 3-2 嫁接

八、带木质部嵌芽接技术

(一)芽接时间

春季嫁接参见硬枝接;秋季嫁接,暖温带地区嵌芽接适宜期在末伏,温带北部(如赤峰北部、吉林、黑龙江等地)为初伏,两个地带的过渡区(如辽宁西部)为中伏。

(二)接穗选择

选地径 1~2 cm 的 1~2 年生苗,或地径 1~2 cm 的 1~2 年枝做砧木,春季根接用早春采集的硬枝接穗;秋季嫁接用当年生芽发育好的新枝接穗。

(三)技术要点

根接部位距地面 4~6 cm 处,干与高枝接在分生点枝下树干光滑处,用芽接刀在砧木无分枝向阳面处横切一刀,5~8 mm 宽,其深度刚及木质部,再于横切口中部下竖直切一刀,1.5~2.0 cm 长,使皮层形成 T 字形开口。从穗条中选择充实饱满的接芽,用芽接刀在其上方约 5 mm

处横切一刀深入木质部约 3 mm,再用刀从接芽下方约 5 mm 沿木质部向上推削至接芽上方的切口为止。用刀挑开砧木 T 字形切口的皮层,将接芽植入切口内,植入后要进行微调,将接芽的横切口与砧木的横切口对齐而不能暴露砧木形成层,一次性就位最为理想。接芽放妥后即用塑料膜绑缚,绑缚时必须露出接芽。该方法虽显烦琐费时,但操作熟练后可在 1 min 内完成一株的嫁接,且嫁接成活率很高,成活质量很佳。

九、嫁接后砧木与嫁接苗管理技术

（一）抹芽、除萌

嫁接后每 5~7 天检查一次,砧木树干、根际长出的萌枝、新芽;硬枝嫁接、嵌芽接的接穗新梢长到 20 cm 以上,基本不再萌枝与新芽(图 3-3)。

图 3-3　抹芽

（二）检查成活与补接

硬枝接:嫁接后 15~20 天检查并确认成活,若接芽变色、抽干应立即补接。

嵌芽接:嫁接后 7~10 天检查成活,若接芽变色、抽干应立即补接;

嫁接后15天可以确认成活,如果接芽未干并显有生机的绿色,轻触接芽的叶柄,即脱落,这表明接芽已成活,切口已经开始产生愈合组织,叶片受砧木影响有能力形成芽片与叶柄离层。

(三)扶直与绑缚支柱

干接、高枝接、嵌芽接接穗新生枝长到15~20 cm时,新梢往往下垂,同时,为了防风折断接穗,应及时立支柱扶直,将新梢、砧木用塑料条、软麻绳、软布条等捆于支柱,以免新梢弯曲。支柱可用直径1.2~1.5 cm,长40~50 cm竹棍,或硬木棍,确认绑缚牢固、立地条件好、新生枝长势好的地区,支柱宜加粗、加长。

(四)剪砧

劈接应两次剪砧,第一次在萌芽后剪去嫁接口5.7 cm以上部分,第二次在新梢15 cm长时剪去嫁接口以上砧木。嵌芽接接后15天确认成活后,在接芽上方0.6 cm处将砧木上稍剪掉,剪口像接芽背面倾斜,形似马蹄形,有利接口愈合,生长直顺,剪口用防水漆或树木愈伤膏涂抹。

(五)解膜、培土

立柱绑缚后,待接穗新生枝达到30 cm以上,确认木质化后,将绑砧的塑料膜,用锋利刀片纵向划开;对于根接的,划开薄膜后,将嫁接口培土,增加接穗新生枝的稳固性。

(六)整形、掐尖

接穗新生枝苗生长到一定高度时(40~50 cm)应将顶端剪除,在25~40 cm促发分枝,掐尖前施足肥水,对抽发的分枝,一般留分布均匀的3个分枝,待分枝生长至15~20 cm时将其短截。培养穗材的可以不用掐尖。

十、苗圃管理技术

嫁接后应对嫁接地的土壤墒情进行管理,以防止接芽在嫁接成活后却因干旱而导致其死亡接穗在芽萌发前至 7 月下旬,每月施腐熟液肥一次,干旱时应注意灌水;对圃地内的杂草,应及早连根拔除,注意不要使用化学除草剂除草,以免伤害幼苗。在嫁接圃地进行田间管理作业时,注意对嫁接苗进行保护,防止其受到人为的损伤;文冠果病虫害相对较少,管理时注意病虫害发生,及时采取措施。

第三节　扦插育苗

如前所述,许多报道都认为文冠果是一种扦插难生根的植物,所以有些学者不得已选择根系作为插穗,来扦插繁育文冠果苗。事实上,只要恰当使用先进的扦插育苗技术——全光照喷雾嫩枝扦插育苗技术,文冠果扦插育苗就不是难事。

全光照喷雾嫩枝扦插育苗技术,简称为全光雾插育苗技术,是在全日照条件下,利用半木质化的嫩枝作插穗和排水通气良好的插床,并采取自动间歇喷雾的现代技术,进行高效率的规模化扦插育苗,是当代国内外广泛采用的育苗新技术,它具有生根迅速、育苗周期短、一年能生产多批和穗条来源丰富等优点,其任务是用先进的科学技术,在短时间内,以较低的成本,有计划地培育市场所需的乔灌木、花卉、果树、药用植物等各种类型的苗木,可实现专业化、工厂化和良种化的大生产,是今后林业、园林、园艺、中草药等行业育苗现代化的发展方向。

该技术需要嫩枝带叶扦插,然而带叶扦插生根条件要求很严格,需要适宜的温度、湿度,充足的阳光和清洁、通气、排水良好的生根基质。全光照自动间歇喷雾设备和精心设计的微喷灌育苗系统,可为大规模扦插育苗创造最适宜的环境和生根条件。它以间歇喷雾为插穗提供水分,调节插床和空气的温度和湿度,保持插穗的生态平衡,使叶片能够充分进行光合作用,为插穗生根提供所需的生长素和营养物质,促进插穗不定根的形成和发育。因此,全光雾插育苗与硬枝扦插相比,具有生根迅速容易、根系发达、成活率高、穗条来源丰富、一年能生产多批和利于选种等优点,是植物大量繁殖行之有效的好办法。新疆阿克苏天作之合牡丹文冠果产业开发有限公司,已经采用该技术成功解决了文冠果嫩枝扦插之难题,生根率接近100%。

一、设施建造

只要装备了全光照自动间歇喷雾设备和微喷灌育苗系统,全光照喷雾嫩枝扦插育苗技术可以在露天沙床进行,也可以在大棚或温室内进行。

选择地势较高、背风向阳、排水良好,阳光充足,水电交通设施完备,管理方便,无危害性病虫源的地块建设扦插育苗沙床,或温室大棚。如许建温室大棚,可以是单棚,也可以是连栋棚,连栋大棚采用两边栋至五连栋,长度依地形而定,没有通风设施的适宜长度为30~60 m,棚内须装有自动弥雾和遮阳装置。

二、建床及喷施

(一)建床铺沙

扦插苗床应建在地势较高,背风向阳和水电使用方便的地方。插床的规模大小,要根据育苗任务来确定。如建半亩地面积的苗床,可划定长宽为30 m×11.2 m,面积为336 m²的地块,床的四周用砖砌,高为40 cm。床内下层铺10 cm厚的小石子,中层铺10 cm厚的炉灰渣,上层再铺20 cm厚的粗河沙。

(二)铺设喷雾系统

在沙床横向中央线上铺设长11.2 m,口径40 mm的黑色塑料管(称主管道),再将该管的中心点以垂直的方向与同样粗度的塑料管相接,其另一端通向水泥壁。在主管道的两侧以十字形安装口径25 mm的黑色塑料管(称支管道),共 8 条,长各 15 m,支管道相距都是 2.8 m,与长边相距 1.4 m。在支管道上每隔 0.7 m 安装口径 4 mm 的黑色软化塑料管(称毛管),长度都是 1 m,其另一端安装折射式微喷头和立杆,插在支管道的两侧,使全部喷头相距都是 1.4 m。全部管道的安装由塑料管件三通、直通、弯头、堵头等连接组装而成,并将主管道和支管道全部埋于沙下,可预防管道因日光暴晒而老化,能连续使用数十年。如以自来水为水源可在输水管道上安装 40 mm 口径的电磁阀,并与水分控制仪的输出插座相接,最后接通电源,准备调试进行间歇喷雾。如以水池为水源,应增设水泵供水,其水泵压力在 4 kg/cm² 以上,出水量不低于 7 000 L/h,并安装逆止阀,以防水倒流(图 3-4)。

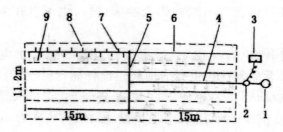

图 3-4　336 m² 扦插床喷雾管道系统示意图

1—水源;2—电磁阀;3—水分控制仪;4—主管道;5—分管道;6—支管道;7—毛管;8—喷头;9—排水道

如果是温室大棚内部扦插,可以做沙床,也可不做沙床。可直接在硬化的地面上摆放 32 穴育苗盘(长 54 cm,宽 28 cm,深 5 cm),内放河沙或扦插基质。育苗盘底放置有孔托盘,托离地面,一有利于通风供氧,二可以空气断根,三可以不积水烂根。

三、插穗的选取与扦插

(一)插穗选取

1. 采穗母树

由于插穗生根难度随着树龄增加而增加,因此,树龄越小,就越容易扦插生根。因此,尽量选择树龄 3~10 年、树势旺盛、健康无病的文冠果新品种(系)、良种或优秀单株作为采穗母树,其生根率能达到90%~100%。

2. 母树预处理

应该采集母树中下部的、外侧枝条作为插穗,容易取穗,而且下部光照不充分,内含抑制生根的次生代谢物质比较少,有利于生根。如有条件,可以提前半个月对预备采穗的母树用30%~50%的遮阳网遮盖,然后再采集其中下部生长健壮的外侧嫩枝作为插穗。

3. 采穗时间

应该在6月中下旬至7月中旬采穗,此时文冠果当年生枝条进入速生阶段,分裂组织的生命力很强,内源激素季节性含量比较高,而生根阻碍物质比较少。这个时候嫩枝顶芽尚未封闭或刚刚封闭,嫩枝尚处于半木质化状态,但已经有了一定的粗度及养分储备,此时取穗,扦插容易生根。

4. 插穗规格

采集树冠中下部外强枝条、长度大于12 cm、直径0.3 cm以上、顶端有1个顶芽饱满,至少有3个以上饱满侧芽的半木质化枝条。

5. 穗条贮藏

穗条采集后立即放在阴凉处,用温布包裹穗条下部,如要长途运输,把穗条竖立放在泡沫包装箱内,并在箱体侧面打洞通风,高温季节用冷藏车运输,到达目的地后,立即放入2~5 ℃冷藏库中贮藏,尽快使用。

(二)扦插过程

1. 扦插时间

根据北方各地区差异,在6月中下旬至7月中旬进行,提前将准备采插穗文冠果植株用黑色遮阳网遮住,进行黄化处理,能显著提高文冠果嫩枝扦插不定根发生能力[1]。

2. 插穗制作

将插穗修剪成长 3~5 cm,只保留 1 个侧芽和 1 枝叶片,顶端要有愈伤膏封闭,下端插口剪成斜面(图 3-5)。

图 3-5　插穗制作

3. 插穗处理

视插穗粗细,每 20~50 根捆扎好,放入 0.3%~0.5% 维生素 C 水溶液中浸泡 5~10 min,然后放入 0.1% 浓度的高锰酸钾溶液中消毒 5 min,再用 150 ~250 mg/L ABT 1 号生根粉浸泡 2~4 h 后,速蘸 1 000~2 000 mg/L IBA 后扦插。

1　金香花,郝悦君,周兰,等.文冠果种子筛选及黄化处理对扦插过程中主要化学成分变化的影响 [J].延边大学农学学报,2017,39(04):56-61.

4.扦插方法

插穗与苗床垂直插入,将插穗插 2~3 cm 深,至叶柄基部刚好在床面之上。

(三)插后管理

1.温度控制

通过弥雾、通风、遮阳网等,生根温度在 20~35 ℃,最适宜温度25 ℃。低于 20 ℃,延长了生根时间;超过 30 ℃时,气温升高,容易引起腐烂。

2.湿度控制

扦插后立即开启弥雾系统,让基质淋透水;生根前,插穗叶面经常保持 1 层水膜,弥雾次数及时间间隔,以基质表层不干为度,量以叶面湿润而不滚水珠为宜,大棚内的相对程度保持在 90% 以上,基质含水量控制在 50%~60%。苗木生根后,大棚内相对湿度保持在 70%~80%。

3.越冬管理

由于北方生长期较短,为了苗木安全越冬,对于扦插和生根较晚,越冬有困难的苗床,可增设拱棚、地膜、草帘等覆盖物,待来年春季合适时间移栽。

(四)施肥

插穗生根后,每 15~20 天喷施一次 0.5%~0.8% 的磷酸二氢钾溶液,每隔 5 天喷施一次,联系三次即可,能提高根的生长量。到 8 月中旬,插穗萌根能达到 90% 以上,此时应该减少喷雾。

（五）病害预防

扦插后每 7 天喷一次 800 倍多菌灵消毒杀菌。杀菌剂也可选择甲基托布津、代森锰锌等，各种杀菌剂交替使用效果更加。

四、扦插苗移栽与苗期管理

（一）扦插苗移栽

1. 移栽时间

露天沙床扦插，应该在扦插苗生根 2~3 个月后，即当年 10 月或 11 月进行移栽。温室沙床或育苗盘扦插的，可以在第二年春季，容器影响根系生长时进行移栽。

2. 容器选择

培育的 0.3~0.5 年生的扦插苗，可选择 18 cm×20 cm 的营养钵、无纺布育苗袋，如培养大苗，可选择规格更大的营养钵、育苗袋或控根容器。

3. 移栽基质配方及处理

移栽基质可选择：配方 1，细黄心土∶草炭∶珍珠岩，比例为 2∶1∶1；配方 2，细黄心土∶草炭∶腐熟有机肥，比例为 6∶3∶1；或其他配方。基质使用前，每吨基质用 3% 工业硫酸亚铁 25 kg 拌匀后，用塑料薄膜覆盖密封，揭膜 1 周后使用。

4. 移栽方法

先在容器内装入 1/3 移栽基质，然后把扦插苗带基质移栽到容器中,使根系舒展,周围填满基质后充分压实,使根土密接,防止栽植过深、窝根和露根,每个容器内栽苗 1 株,栽植后随即浇透水。

5. 容器摆放

栽有移栽苗容器整齐摆放在平整的苗圃地上,苗圃地四周有排水沟,做到内水不积、外水不淹。

(二)苗期管理

1. 施肥

生长期追肥 6~8 次,生长前期追施 0.1%~0.2% 氮肥,生长后期追施 0.2%~0.3% 磷酸二氢钾,每次间隔 15~20 天。严禁干施化肥。

2. 浇水

浇水要适时适量,保持基质湿润即可,有条件可以采用滴灌。

3. 除草

除了掌握"除早、除小、除了"的原则,在基质湿润时,人工拔除杂草,操作时尽量避免松动苗根。

4. 病虫害防治

本着"预防为主,综合防治"的原则,发生病虫害要及时防治,必要时拔除病株。

第四节　组培育苗

　　文冠果组织培养技术,许多学者在这个领域深耕多年,其研究领域主要集中在外植体选择、外植体褐化、培养基筛选、组培苗玻璃化、组培苗增殖以及生根问题。其中,组培苗难于生根问题,一直没有得到很好的解决,这也是为啥文冠果组培快繁一直"雷声大,雨点小"的原因。很多研究单位,没能真正实现文冠果组织快繁体系的彻底成功。上海某公司利用文冠果无菌苗的茎段和叶片这两种外植体,解决了组培苗生根难题,已经实现了文冠果组培快繁的产业化,同时也为文冠果的基因工程、分子育种、分子生物学、细胞生物学等基础研究提供了解决方案。如前所述,受企业利益保护原则限制,该公司方案尚是一个秘密。

一、外植体选择

(一)采样母树

　　植物组织培养是一个高成本、高技术含量的人工繁殖植物手段,因此必须尽可能选择有价值的植株作为采样(外植体)母树。所谓有价值的植株,是指那些经过国家或省级审(认)定新品种(系)或良种,以及优秀或独特单株。采样母树应该是种质纯正、生长健壮、无病虫害、树龄中幼。

(二)外植体选择

　　文冠果组织培养,适合做外植体的材料很多,如带腋芽的嫩茎段、茎尖、幼嫩叶片、未成熟胚(幼果期胚或中果期胚)、成熟胚、无菌种子苗茎段、无菌种子苗叶片、根尖等。虽然利用上述各种组织或器官均亦可以实现文冠果的组培快繁,但是外植体不同,诱导难易程度不同、成苗途径不同、增殖系数不同,遇到困难也不同,如污染问题、褐化问题、玻璃化问题、增殖系数低的问题、生根难的问题。

1. 诱导难易程度不同

相对来讲,用文冠果幼嫩茎段、茎尖、无菌苗茎段、未成熟胚容易成功,而利用文冠果幼嫩叶片、无菌苗叶片、成熟胚难度较大,用已经半木质化或木质化茎段,甚至成熟叶片,很难成功。

2. 成苗途径不同

利用幼嫩茎段或茎尖,走的是器官发生途径,由茎段或茎尖的腋芽或顶芽,直接成苗。利用幼嫩叶片、无菌苗叶片、成熟胚子叶,走的是愈伤组织途径,外植体细胞脱分化成非胚性愈伤组织后,再经过不定芽、不定根途径成苗。利用未成熟胚,走的是胚性愈伤组织途径,胚性愈伤组织表面会形成大量体细胞胚,然后发育成苗。

3. 增殖系数不同

直接走器官发生途径成苗,增殖系数比较低,基本上一个芽一株苗,要想扩繁,必须经常切割分段和增加继代培养次数;走愈伤组织诱导不定芽途径,增殖系数略高一点,目前能达到3~5倍的增殖系数。走胚性愈伤组织途径,容易获得大量胚状体,大部分胚状体都可成苗,因此此途径增殖系数最高。

4. 常见困难

(1)污染问题:雨后采集的茎段、叶片,消毒困难,污染率很高;半木质化、木质化新枝,污染率也很高。

(2)褐化问题:幼嫩茎段、茎尖、幼嫩叶片、无菌苗叶片、不带胚乳的未成熟胚、不带胚乳的成熟胚做外植体,不容易褐化,成熟叶片、木质化、半木质茎段、带胚乳的未成熟胚、带胚乳的成熟胚,特别容易褐化,不合适做外植体。

（3）玻璃化问题：组培苗出现玻璃化主要与培养基中激素种类、激素浓度、离子浓度，以及培养瓶内微环境，如温度、湿度、光照等有关。

（4）增殖和生根问题：增殖系数低，主要与基本培养基种类、激素种类、激素浓度、激素比例、成苗途径、微环境控制等有关。

简单来说，选择外植体，主要取决于组培目的：第一，如果仅仅新品种（系）、良种、优秀单株、特色单株的快繁，建议选择幼嫩茎段或茎尖作为外植体；第二，如果想要扩大繁殖系数，建议选择未成熟胚或成熟胚作为外植体；第三，如果想实现对文冠果的遗传操作和分子改造，建议使用幼嫩叶片作为外植体。

基于未成熟胚、成熟胚、成熟胚子叶、无菌苗茎段、无菌苗叶片，其遗传性状没有经过成株阶段的检验，因此原则上不选此类材料作为外植体。

因此，文冠果组培快繁最适合的外植体是幼嫩茎段或茎尖；文冠果遗传转化，最适合的外植体是幼嫩叶片及其愈伤组织，也可以是发根农杆菌诱发的不定根。下面将以幼嫩茎段作为外植体，来介绍一下文冠果的组培快繁技术体系。

二、材料用具

文冠果幼嫩茎段和茎尖、超净工作台、高压灭菌锅、光波炉、酒精灯、接种工具、剪枝剪、三角瓶（500 mL，1 000 mL）、搪瓷杯（带刻度，500 mL，1 000 mL）、无菌滤纸、玻璃棒、打火机、记号笔、纱布、75%酒精、燃料酒精、母液、培养基、移液管、95%酒精、0.1%氯化汞、无菌水等。

三、工作过程

（一）基本培养基

根据文献，文冠果幼嫩茎段或茎尖的组织培养惯用的基本培养基仅有 MS 和 B5，其中 MS 最为常用。用 MS、1/2MS 基本培养基，可以选择购买不加蔗糖和琼脂的商品培养基，也可以准备好各种相关试剂，自己配制母液。

（二）培养基选择

自 1986 年,辽宁省鞍山市林业科学研究所的王永明等人利用幼嫩茎段尝试组培文冠果以来,迄今已经有二十多篇相关报道,尝试利用幼嫩茎段或茎尖,建立文冠果的组培快繁体系,多数学者选用了下列培养基。

1. 初代培养基

MS+BA 1.0 mg/L+NAA 0.5 mg/L+ 蔗糖 3%+ 琼脂粉 0.45%~0.6%,pH 值为 5.8。

2. 继代培养基

MS+BA 1.0 mg/L+NAA 0.2~0.5 mg/L+ 蔗糖 3%+ 琼脂粉 0.45%~0.6%,pH 值为 5.8。

3. 生根培养基

1/2MS+IBA 0.5~0.8 mg/L+ 蔗糖 3%+ 琼脂粉 0.45%~0.7%,pH 值为 5.8。

（三）无糖快繁

文冠果在完成传统组培获得组培苗之后,最佳的快繁技术当选无糖组培。

植物无糖组培快繁技术(Sugar-free micropropagation)又称为光自养微繁殖技术,是指在植物组织培养中改变碳源的种类,以 CO_2 代替糖作为植物体的碳源,通过输入 CO_2 气体作为碳源,并控制影响试管苗生长发育的环境因子,促进植株光合作用,使试管苗由兼养型转变为自养型,进而生产优质种苗的一种新的植物微繁殖技术。

第五节　苗木出圃

苗木达到规定的质量等级指标后，方可出圃。起苗在秋季苗木落叶后至土壤封冻前或翌年春季土壤解冻后至发芽前进行。起苗时防止损伤树皮，保护好根系，剪去受伤根、过长根。

一、出圃规格

当苗木达到造林要求时即可出圃，出圃容器苗应当根团完整、叶片色泽正常、整体发育良好、无病虫、无损伤。实生苗、嫁接苗、扦插苗、组培苗的出圃规格是不同的。这既与苗木成苗速度有关，也与培育成本有关，还与造林或栽培目的有关。

二、起苗与运输

（一）起苗

文冠果苗木类型不同，起苗规则也不一样。即便都是实生苗，大田直播苗、大田容器苗和设施容器苗，其起苗规则也是不一样的。嫁接苗、扦插苗和组培苗就更不一样了。

1. 大田直播苗

大田直播苗通常是 1~2 年生裸根苗，这种苗量最大、最常见，价格便宜，最受市场欢迎。在北方地区，文冠果裸根苗造林，最佳时间是春季土壤刚解冻而树芽未萌动之前，因此适合此类苗木造林的"窗口期"特别短暂，而且容易与"农忙期"发生冲突。

文冠果裸根苗，虽然可以通过低温冷藏或假植来延长销售或造林时间,但假植技术要求比较高,湿度过大容易烂根,湿度过小容易干枯,严重影响成活率。因此,大田直播苗(裸根苗),其起苗时间必须与造林时间紧密衔接,尽可能做到随起、随运、随栽植。如果造林规模大、数量多,尽可能在起苗前就把大部分树坑挖好;否则,不容易做到"苗到即栽"而不得不假植,影响造林成活率。

起苗时要注意下锹或下锄深度不浅于 30 cm,距离主干距离不低于 15 cm,这样才能得到基本完整而又不至于过长的根系。生产中,也有用拖拉机带动耕地犁来起苗的,这样起苗的优点是"效率高,成本低",但缺点也是明显的,即苗木容易受伤。裸根苗起苗后,必须分拣分级,按照客户要求规格供给一级或二级苗木,淘汰下来的三级苗木最好毁弃,避免流入市场影响产业发展、影响自身信誉。裸根苗起苗后,还必须及时用混合有多菌灵和生根粉(剂)的泥浆浸蘸,带有这种泥浆的苗子长途运输,根系不容易失水、不容易腐烂,造林成活率高。制作泥浆时,也可以用微生物菌肥替代多菌灵,用植物益生菌去抑制有害菌,也可以达到保成活、促生长的目的。

2. 大田容器苗

大田容器苗通常是 1~3 年生杯苗,这种苗的特点是,长势、粗度、高度,与大田裸根苗接近,规格上远胜于设施容器苗。但由于其生长发育在营养钵、无纺布袋中,因而容易带土球移栽,造林成活率更高。

这种苗的优点是,带土球,造林成活率高。但缺点也是明显的,即育苗容器由于是放在地里,其主根系和主要侧根系,在第一年时已经突破容器而深扎到地里,根系发育极其良好。生长两年或三年的苗子更是如此。与根系发展相适应的是,此类苗子地上部分发育也极其良好,无论高度、粗度、冠幅,都比较大。为了避免起苗时,由断根引发的地下部分与地上部分不协调而出现的生理性干旱死亡现象,此类文冠果苗,其起苗和造林的"窗口期"与裸根苗实质上是一样的,也必须在春季土壤刚解冻而树芽未萌动之前进行。

此类文冠果苗的另外一个缺点是,由于其容器内并非轻基质,而是大田土,导致其质量太重,仅适合大田建园、园林绿化或交通便利的缓坡造林需要。如果是坡度陡峭、交通不便的困难立地、荒山荒坡,就不适合了。

3. 设施容器苗

在设施内培育的容器苗,多是无纺布轻基质容器苗,少数是轻基质营养钵苗。此类苗子虽然水肥供给没有问题,但受制于容器大小和空气断根,其根系发育是非常有限的,与之适应的是其地上部分,也有高度、粗度也远逊于大田苗。

由于容器大小、基质成分、水肥管理等高度一致,在保证种子质量的情况下,此类苗子的规格通常也是高度一致的,很少出现二级苗和三级苗。无纺布轻基质容器苗,育苗周期比较短,只要催芽得当,通常3~4个月就可以成苗出圃。出圃前一周追施一次 0.2% 磷酸二氢铵,能够提高造林成活率。出圃前一天喷施杀菌剂并浇透水,让基质充分吸水,保证苗木在运输过程中不缺水即可。

4. 嫁接苗

上述三种实生苗上都可以作为砧木进行嫁接。大田直播苗可以在当年夏天或第二年春季进行规模化嫁接。由于这时砧木规格较小,可以采用劈接法进行根接,即在近根茎除进行嫁接;大田容器苗,嫁接最佳时间是当年夏天,这样第二年春季到夏季就可以出圃,提高商品苗周转率,降低生产成本。

设施容器苗,可嫁接时间较长,当年5~9月都可以嫁接。但是,为提高商品苗周转率,降低生产成本,最好在当年 6 月半木质化时进行嫁接。由于是规模化嫁接,必须提前制订好接穗采集、预处理、贮藏、嫁接队伍等计划。

(二)运输

苗木在搬运中,轻拿轻放。为减少运输成本,在装车时可在 2 株苗之间竖向垒叠,最多可垒叠 4~5 层,注意不要压到苗木。

第四章

文冠果良种建园技术

　　科学的建园技术有利于采用统一的栽培管理措施，获得产量高，质量好的文冠果，保证文冠果丰产稳产，同时降低生产成本和劳动力投入，最大化提高文冠果的经济效益。根据文冠果喜光和根深等特性，文冠果林地应选择土层较厚、坡度不大、背风向阳的沙壤土地区。排水不良的低湿地、重盐碱地、尚未固定的沙地、多石的山区是否能栽植呢？在上述地区，曾见到过少量幼树，不过，生长发育不够健旺。因此，在上述地区大面积发展文冠果时，事先应大胆进行试验，摸索和积累经验，避免造成不必要的损失。

第一节　园址选择、规划与造林

一、园址的选择

1. 地势及土壤

文冠果育苗地以地势平坦、土质肥沃、土层较厚、灌水方便、排水良好、便于管理的中性沙壤土为好。沙性较大和黏性较强的土壤做育苗地应增施有机肥以改良土质,增加肥力。沙砾较多、过于贫瘠和碱性过强的地区不宜作为文冠果育苗地。若用菜地育文冠果苗,需事先消毒预防病虫害。据生产单位经验,文冠果育苗不可重茬,否则出苗率低、苗木生长发育不良、病虫危害严重。

2. 水源

虽然文冠果为耐旱树种,但适时适量的灌溉依然有利于文冠果开花结果。文冠果种植园通常选择在取水灌溉方便或地下水丰富的地方。需要注意的是,文冠果怕涝,因此,地下水位高的滩涂地不适合建园。

3. 基肥用量

文冠果育苗地应在先一年秋天耕翻,早春施入基肥以后再翻一次,将肥料翻入土内,犁深为 25 cm 左右。注意随耕随耙压,粉碎土块,平整面地。

育苗地基肥以粪肥为主,厩肥和绿肥亦可使用,但肥效较低。基肥应在前一年秋天沤上过冬,开春后粉碎过筛。文冠果育苗地基肥用量应根据圃地土壤肥力状况确定。如果土质较肥,每亩施入经沤熟的粪肥 1 000~1 500 kg 就已足够。基肥过多,苗木地上部分生长过旺,将出现下列弊端:延迟封顶,扭曲倒伏,梢端含水率高,木质化不充分,导致苗木质量降低。生产实践表明,在较贫瘠的沙性较重的圃地上育文冠果苗,如果基肥用量不足,也培育不出壮苗,将导致种子发芽率低,出苗不整齐,苗木生长纤弱而过于矮小,质量低劣。这种苗木就是在苗圃培育两年,也赶不上基肥用量恰当的一年生苗木健壮。因此,文冠果育苗地基肥用量足够而不多余,掌握这个标准十分重要。

二、园址的规划

根据自然环境和地势情况,因地制宜地把林地区划为若干作业区,每个作业区面积以 5 000 亩左右为宜。再根据地形地貌区划为若干小区,每个小区面积 100~200 亩,便于机械作业和经营管理。小区之间要开设 6~8 m 的作业道,便于车辆和机具的行驶。

三、造林

根据"因地制宜,因害设防"的原则,文冠果林地必须营造防护林。它不仅可以直接减低风速,减少地面蒸发,而且还可以调节地表径流,控制水土流失,预防霜冻和折枝落果等自然灾害。

(一)防护林的营造

营造文冠果油料林,必须营建防护林。因为文冠果主要分布在北方干旱和半干旱地区,风沙干旱肆虐,营建防护林不仅可以降低风速,减少地面蒸发,而且可以调节地表径流,控制水土流失,预防霜冻和折枝落果等自然灾害。

防护林分两类,一类是整个林地周围营造的防护林带,每带植树20~30 行;另一类是小区的防护林带,每带外层植乔木 5 行左右,里层植灌木 3 行左右。小区防护林带,只在主风方向的西和北两面营造,小区的东南两面任其敞开,这样阳光更加充足,有利于文冠果的生长发育。小区防护林带与文冠果定植点之间必须相距 10 m 左右,太窄将影响文冠果的生长发育。

对于面积较大且相对集中的造林地块应设置防护林网,防护林网面积占林地总面积的 10% 左右；根据林带的有效防护距离设定主、副带长度及宽度，乔木林带设置一般为长 400 m 左右，宽 300 m 左右的网格，网格采取"井"字配置，车道纵横相通；若有灌溉条件，林、渠、路设计要合理配置。对于面积较小的地块，应根据周边的环境状况，配置相应的防护林、道路、渠系。防护林的营建要坚持"因地制宜，因害设防"的原则，一般分为两类。一类是整个作业区周围营造的防护林带，每条带栽植乔木 10~15 行，宽 20~30 m，树种以抗旱性强的杨树、榆树为主，针叶树可选用樟子松、油松。另一类是栽植小区周边的防护林带，每条林带外侧栽植乔木 3~5 行，内侧栽植灌木 2~3 行，树种以抗旱性强的杨树和柠条为主。栽植小区的防护林带只在主风方向的西、北两面营造，东、南两面任其敞开，这样既能保障防风效果，又能使林地阳光充足，有利于文冠果树木正常生长发育，同时还可节省大量土地资源。此外，栽植小区的防护林带与文冠果定植点之间必须保持较大距离，以防止防护林乔木根系与文冠果根系争夺营养空间，二者间距一般以 6~8 m 为宜。

（二）造林地整地

1. 整地的作用

文冠果定植前必须整地。整地可以疏松土壤，消灭杂草，提高蓄水保墒能力，改善土壤肥力，为幼树成活和生长发育创造条件。

2. 整地方式

整地方式包括全面整地、带状整地和块状整地。具体整地方式应根据造林地的地形地势和培育目标而定。

（1）全面整地。平坦肥沃、土壤黏重、杂草较多的平原地区和坡度较缓的丘陵地，一般进行全面整地。采用机械进行全面深翻，深度不低于 25 cm。深翻后苗木栽植前，还要进行土地平整和镇压。然后用开沟犁进行机械开沟，也可直接用人工挖栽植穴，行距和带距依造林设计而定。

（2）带状整地。其适用于坡度较大的丘陵地区、土层较厚的山地下部和固定、半固定沙地。带状整地深度要求机翻25~30 cm,若机械开沟,深度要大于 35 cm。具体采取沿等高线开沟整地、鱼鳞坑整地、水平沟和反坡梯田几种方法。山地或丘陵在进行带状整地时,表层熟土要单放并回填到栽植穴内,以保证土壤肥力。整地带要沿等高线设计,上下两条带的整地穴要错位排列,以截蓄天然降水。

①坡度较缓、坡面整齐,面积较大的丘陵地和固定、半固定沙地,一般采取机械开沟整地方法,这种办法效率高,整地质量好。深度一般为35 cm,行距或带距依造林设计而定。

②坡面破碎、面积较小、坡度较缓的丘陵和山地,一般采取鱼鳞坑、水平阶或水平沟整地方法。

鱼鳞坑:近似半月形坑穴,外高内低,沿等高线方向展开,一般为横径 80~120 cm,纵径略小于横径,深度 50 cm 以上,品字形布设。

水平沟:沿等高线布设,沟宽 80~120 cm,沟深 40 cm 以上,开沟时将表土放于沟的上沿,回填表土,沟间距可根据造林密度确定。

水平阶:阶面宽 80~120 cm,深 30 cm 以上,长 250~500 cm。外砌石堰(或土堰),呈品字形排列。

③坡度超过 25° 的山地,应采取反坡梯田整地方法。这种整地要根据坡面地形先按照等高线和栽植行距统一进行整地设计,并定好线。然后采用机械挖掘或人工挖土的办法,从上到下逐带倒土,要保证外高里低,梯田面必须平整,外侧坝埂要用土或石头砌好,确保牢固,以便截蓄雨水。

(3)块状整地又称穴状整地。它一般适用于平坦的固定沙地和黄土丘陵地,首先要按照设计好的株行距画线定点,整地深度不少于50 cm,形状为正方形或圆形,长宽或直径为 60 cm。人工整地多为正方形,有时为提高整地效率也采用机械挖坑机,直径 50~60 cm,效果较好,每天整地面积超过 50 亩。

3. 整地季节

文冠果整地一般在造林前一年的夏季或早秋进行,一方面结合压青将杂草翻入土层内,以改善土壤结构,增加土壤肥力,利于蓄水保墒。另一方面,可以积蓄雨水和雪水,提高土壤墒情。沙地造林整地为防止沙化,也可在栽植当年春季现整地现造林。

第二节　直播建园

一、直播概述

文冠果除植苗外,在土壤和水分条件较好的地段上,可以直播。其方法是,在全面整地的情况下,挖直径和深度均为 30~50 cm 的坑,在坑内填入碎土到离地面 5 cm 处。每穴播 3 粒种子,是三角形配置,间距 15 cm 左右。播后覆土 8 cm 左右。有条件地区立即灌水一次。春播经过层积处理的种子,播后灌水有利于种子萌芽;秋播后灌水有利于种子与土壤粘在一起,避免冬天被大风刮走,同时也有利于种子在土层内的催芽。直播季节对出苗率和苗木的生长量均有一定程度的影响。总的趋势是:春播比秋播好。春播的发芽率(按有苗穴数计算)比秋播高 8% (当年);至第三年,春播的有苗穴数达 97%,秋播为 91%,前者比后者高 6%。直播季节对幼林生长量的影响,主要表现在对地径和冠幅的影响方面,株高基本上一致,第一年都只有 10 cm,第二年为 18~19 cm,第三年 41~42 cm。地径以春播植株较粗,三年内分别比秋播植株粗:0.4mm, 0.3 mm,0.5 mm。第二年和第三年的冠幅分别比秋播大 2 cm 和 5 cm。

文冠果直播在条件较好地区可以作为栽植方式之一。但是,如果土壤比较贫瘠,又不能进行滥溉,在这样地区直播,效果较差。拿直播三年后幼龄植株的平均生长量来说,株高为 42 cm,地径 0.53 cm,冠幅 28 cm,生长很缓慢。此外,直播消耗种子多,即使每坑播 3 粒种子,有苗穴数只占 89%,如果拿单位面积直播的种子经过育苗再栽植,则可多栽植一倍以上的面积,在种源不足的情况下直播是很不合算的。每穴播 3 粒已感到很不合算,而如果每穴播 5~7 粒甚至 10~20 粒。直播,尤其是秋播,种子在地里要埋藏一冬,鼠、兽、虫等危害和干旱,都有使种子失去发芽能力的可能,致使出苗率降低。直播地条件总比苗圃地差,幼苗生长发育受到严重影响,如直播当年平均苗高只有 10 cm,平均地径只有 0.31~0.33 cm,分别是苗圃苗木低 1/5 和 1/2。直播第三年的幼林与植苗后两年的幼林比较,林木高度低 35 cm,地径低 0.62 cm,相差也悬殊。大面积直播,由于面积大,无法精细地抚育管理。

如果土壤条件较好,管理比较精细,直播效果还是比较显著的。如内蒙古自治区和林格尔县浑河林场,在沙质壤土地段上进行直播,在进行灌溉的情况下,无论春播秋播,植株平均高度均生 40 cm 左右,平均地径 0.5 cm 左右,最高植株可达 62 cm,地径达 1.0 cm;个别植株当年就形成花芽。但是,在同一地区的土质较贫瘠的地段上直播,在不浇水的情况下,植株平均高度只有 4~5 cm,平均地径 0.2 cm,单株最高的也只有 25 cm,地径 0.4 cm。

二、直播技术

在造林地上用种子直接使其发芽并长成幼林的方法。可分点播、行播,点播是在栽植穴或栽植点直播种子;行播是把种子按株距均匀地播种在林地上。

(一)点播

在提前整地的栽植穴,先覆盖加厚黑色地膜(以下简称黑膜、膜等),边角覆土、砾石等盖牢,黑膜中心对应栽植穴中心点,对于鱼鳞坑、反坡水平沟与水平阶,栽植穴中心点位于最低积水点斜上方(垂直距离 4 cm以上);播种深度,从膜下始,为种子均径的 2.8~3.0 倍;用简易播种器(传统植苗器改良亦可)每次点播 1 粒,每穴播种 3 粒,呈品字形,3 粒之前距离不宜过大,以错开播种器为宜;点播完成后,对栽植穴少量覆细土,略高于地膜,用脚踩实栽植穴。穴的膜上再锹铲细土覆盖一次,覆土厚度不能少于 2.5 cm(图 4-1)。

在地势相对平坦、土壤墒情好、无滴灌条件,但适合机械化作业的地块,可机械化清障、翻旋耕整地,机械覆黑膜,机械动力根据当地适宜立地选配,然后膜上用播种器点播,还可用改进的半机械手推式播种机完成,注意踩实与膜上再覆土;机械覆膜不牢固的,人工辅助盖牢,避免风刮。

图 4-1　点播

（二）行播

地势相对平坦、土壤墒情好、有滴灌条件,可用机械清障、翻旋耕整地;机械覆膜、滴灌管、大粒播种(每种植点 2~3 粒)同步完成。播种机可由棉花或花生播种机改进,适合大粒种子顺利播种;机械完成后,注意踩实与膜上再覆土;机械覆膜不牢固的,人工辅助盖牢,避免风刮,同时调正整好滴灌管。机械动力根据当地适宜立地选配。

三、立地与整地要求

适宜黄土区、褐土与栗钙土区(存在"犁底层""钙积层"的,在整理时需要注意深耕打破)、风沙土区,石灰岩石质山地需要土层(土壤层 + 细颗粒母质层)大于 40 cm;坡度大、土壤墒情差的山地或坡地需要提前整地;坡度平缓可用机械化行播。

（一）种子优选

采用良种(含母树林良种)、新品种、优树、经过优选的当年产种子,最小单粒重 ≥ 1.2 g。种子其他指标达到《林木种子质量分级》要求。种子贮藏参见《林木种子贮藏》。

（二）播种时期与要求

在生产实践中，由于条件所限不能进行文冠果植苗造林，也可进行直播造林，但是要求在土壤和水分条件较好的地区进行。

（1）栽植时期。直播造林分春季和秋季直播造林，但以春季为佳，可获得较高的出苗率和保存率。

（2）栽植方法。在全面整地的情况下，挖直径和深度均为 30 ~50 cm 的坑，在坑内填土和有机粪肥 2 kg 至距地面 5 cm 处拌匀，每坑播 3 粒种子，呈三角形排列，间距约 15 cm，覆土 3 cm，播后立即灌水。用于春播的种子要求提前必须经过混沙低温处理，秋播的种子不需要处理。

直播建园应该注意的问题：①若秋播造林必须采取预防鼠害的措施；②要求精细管理，及时除草松土；③根据土壤墒情及时灌溉；④为了刺激萌发更多的侧根，形成庞大的吸收根系，有条件的地方可在直播当年的夏天用铲将主根切断。

四、后期管理

（一）土壤表层解冻期管理

直播后第二年春土壤表层解冻期，检查覆膜不牢或风刮开的（风大地区可更早进行），压牢黑膜；膜上覆土过后的，适当摊薄，保留厚度 1 cm 左右；同时检查土壤墒情。

（二）萌芽期与出苗期管理

适时检查土壤墒情，由于这种覆膜有利于膜下土壤水分向播种孔运移，不遇较旱年份，种子周围土壤墒情能够得到保证；到出苗后约两个月（这个时期不能旱，否则会出现幼苗早期封顶不长问题），如遇旱，需要及早补浇水 1~3 次；滴灌条件注意滴灌时期与单次滴灌时长，幼苗均高长到 8~10 cm 时，结合滴灌增施 P、K 高的水溶性复合肥（不用含硫酸根离子的）（参见《水肥一体化技术规范总则》）；注意病虫害防控。

第三节　植苗建园

一、苗木选择

春秋造林优先采用良种、新品种、优树的嫁接苗，2根1干、3根1干无病虫害、无损伤的健壮裸根苗或容器苗；如果没有这些嫁接苗，可以用良种、新品种、优树、母树林良种、经过优选的大粒种子培育的实生苗（容器苗或裸根苗），先进行造林，后期再进行嫁接改造。所谓大粒种子，这里指单粒重在1.2 g以上的种子，或者用2目筛（直径0.8 cm）过筛的种子。不管是容器苗还是嫁接苗，只能选择1~2年生Ⅰ、Ⅱ级苗。雨季造林可用轻基质容器播种苗。

二、配置方式与初植密度

（一）平地或缓坡地

对于平地或者小于15°的缓坡地，为便于机械化作业，可以采取带状造林，带间距5~6 m，每带2~3行，株行距2~3 m，栽植密度每亩不少于74~111株。采取带状造林配置方式，除了便于机械化作业外，在文冠果植株不遮阴的情况下，可以间种一些矮秆作物，防止对文冠果植株遮阴，如豆科类的作物，这样即合理利用了土地，又增加了造林地的经济效益。

（二）斜坡地造林

对于不便于机械作业的斜坡地，采用人工整地造林方式，造林规格可以选择2 m×3 m、2 m×4 m、3 m×3 m、3 m×4 m，栽植密度不能低于56株。文冠果栽植密度取决于土壤的水分条件、土壤肥力与土层厚度、造林地的坡度、整地的方式以及经营目的等。在一些降雨较多或有浇灌条件,其他条件相对较好的造林地,由于条件较好,树木生长较快,要适当疏植,反之,在一些自然条件较差的地区,要适当密植。但是在一些年降雨量小,年蒸发量大,土壤贫瘠的地区,没有浇灌条件的情况下,一定要考虑树木的营养面积和水分供应情况,需要降低文冠果的栽植密度,才能有利于以后树木的生长发育。

三、栽植

（一）栽植时期

应以春季为主,春、秋两季均可;春季土壤解冻后,秋季土壤封冻前均可栽植。春季造林文冠果树苗成活率较高,也有利于其生长发育,因此,条件允许应该选择春季造林为宜。

（二）苗木处理

栽植前对于路根苗,根损伤处变黑的,一定减去露出白茬;容器苗栽前去掉难分解容器。

（三）栽植技术

坑径 50 cm 以上,坑深 45 cm 以上,采用"三埋、两踩、一提苗"造林技术,为确保苗木成活,栽后应立即浇水或采用坐水栽植。栽植过程中应注意表土回填,防止窝根,以及采取保水措施。栽植文冠果应特别注意覆土深度,覆土宜浅不宜深,以根颈露出土层之外为度,因为文冠果苗木根颈是敏感部位,若埋入土层 2 cm 以下时易造成腐烂导致苗木死亡。需要授粉树的栽植时按照8:1授粉树,呈田字形中心点配置。

（1）压砂田栽植。采用大容器苗,不需整地,在退耕的栽植穴,先铲掉表层砾石,坑的大小依据苗木规格,参考前述确定,挖出原种植土,与砾石分放,底部是施腐熟肥、去掉难分解的容器,带土球落入栽植坑,地径处于土层上部水平线对齐,用种植土回填。栽后浇透水,水渗后,覆盖砾石。栽植后两月内,如遇大旱年份,补浇水一次。

（2）平缓地栽植。风沙区、黄土区、褐土与栗钙土区的平缓造林地、坡地梯田,在提前清理并翻旋耕整地基础上,用裸根苗或容器苗,可采用植苗机进行栽植;也可机械开沟栽植,干旱半干旱地区,地径处可低于地面 5~8 cm,植苗中心位于沟坡中部,底部留渗水沟,而后浇水,完全渗透后覆盖表土。随后用加厚黑地膜覆盖株间、行间,宽行间适合种植的,套作豆科药材、豆类等作物。培肥林地土壤。

（3）坡度栽植。鱼鳞坑、水平沟、水平阶等整地,用容器苗(栽前去掉难分解容器),植苗靠上坡向,地径处高于坑底、沟底 5~8 cm,利于排积水。

四、间作技术

文冠果林要实现可持续发展,就要让农民可持续获取比较高的经济效益。农民在单位面积上获取的经济效益越高,培育文冠果林的积极性就越高。文冠果造林,要取得比较高的经济效益,是一个系统工程,在早期不具备原料收购、深加工情况下,"林粮间作"的模式可能是增加文冠果林幼树期经济效益的有效办法。

文冠果未郁闭成林之前,进行间作套种,一是不浪费地力,二是可以创造早期经济效益,缓解文冠果早期无收入带来的土地使用费及劳动力费用压力。由于文冠果是一个强阳性树种,无论间作何种作物,都以不影响文冠果通风和光合作用为前提。

尽管文冠果纯林的生长量高于间作后的生长量,但是,间作模式下,土壤养分含量和土地利用效率要好于纯林,达到 160% 以上。辽宁西北地区主要包括辽宁省朝阳、阜新、锦州等地,自然气候以干旱为主,文冠果和黄精都是本地原生物种,都具有较高的栽培经济价值。通过生产实践,根据两者不同的生物学特性,在文冠果行间间作黄精,弥补了文冠果栽植后前期无产出的不足,有效利用了行间空地,直播黄精,覆膜保苗,文冠果树对黄精的遮阴,有利于黄精的正常生长,3~4 年后采收,不仅减少了林间除草、经营管理等开支,而且又能产生较高效益。

第五章

文冠果种植林地管理技术

　　文冠果虽然具有抗旱、耐贫瘠的特性，文冠果能存活的环境条件和其生长最适环境条件有本质的区别。文冠果作为木本油料植物，种子的含油量高，以往用其加工食用油，近些年来赋予了它新用途，将文冠果油进一步转化为生物柴油，对节能减排，应对气候变化具有重要价值。因此，文冠果种植多以收获种子为目的。文冠果林地的土、肥、水管理就显得非常重要，它是保证林木正常生长、稳产高产和种子质量的关键，应给予高度重视。

第一节　林地翻耕

林地翻耕是深耕熟化土壤的好办法,翻耕的深度一般在 20~25 cm 的范围内。但由于树冠投影内特别是树干附近的根浅而粗,要翻得浅些,以免损伤大根。深翻的方法可以全林地一次放通,也可以以树干为中心轮状翻土,逐年扩大深翻面积。翻耕的时间以秋季为宜,其好处是:便于春、夏季林地作业;秋季采果后,文冠果树接近于休眠,稍有伤根对文冠果树的影响也较小;翻后经过一冬,根和土壤容易密接。春季树液流动以前也可以进行,但一定要注意少翻,并要及时灌水,以免影响文冠果当年的早期生长。

在文冠果林地发现根腐线虫的情况下,要进行夏季翻耕晾土,以减少病害的发生。发现植株露根时,可以进行根际培土,以加厚土层,改善土壤物理性状,增加土壤肥力和墒情。

第二节　土壤管理

土壤管理是文冠果林集约经营的基础,尤其是在山地、荒地、沙地生长的文冠果林,由于土层薄、肥力低、结构不良,保肥保水性能差,树势衰弱,坐果率和产量都较低,保持和改善土壤条件是提高文冠果产量和质量的前提和根本。土壤管理主要包括保土保水、翻耕、扩穴等。

一、山地拦水保土

水土流失是造成土壤瘠薄的最主要因素,特别是山区和丘陵地区表现更为明显。造林时修筑水土保持工程以蓄水保墒是文冠果林可持续经营的最有效措施之一。实践证明,鱼鳞坑蓄水集中,效果好,因此栽植的文冠果树较水平条和穴状整地侧根发达,扎根深广,根系庞大,幼株吸收水分和无机盐的能力增强,生长健旺,结实较多。应根据树冠大小和地形地势等具体情况,修建成外高内低、直径 1.5~2.0 m 的半圆形鱼鳞坑,坑的内侧半径为幼株冠幅,雨季蓄积自然降雨,减少地表径流,在坑的内侧留出溢水口,避免雨水过多冲毁土埂。文冠果喜欢疏松透气的土壤环境,因此树苗应该种在鱼鳞坑的外沿高,避免积水导致根系沤烂。

栽植后 1~3 年每年松土除草 3 次,第 1 次中耕在 4 月下旬至 6 月上旬进行。此时杂草幼嫩,容易消除,还可以改良土壤,蓄水保墒,提高肥力。将幼树周围 1 m² 的草除掉,可将除下的杂草覆盖在种植穴表面(又称压青),以保墒并增加土壤肥力。

有条件的林地可结合鱼鳞坑做树盘覆草。每年的 6~8 月进行,利用行间或梯田壁上的杂草覆盖树盘 1~2 次,覆草厚度 15~20 cm,上压一层薄土以防风刮。连年树盘覆草后,林地土壤表面形成了一层松软的铺垫层,不仅能拦蓄雨水和减轻地表径流,减少土壤水分蒸发,提高土壤的保肥能力,而且杂草腐烂后能增加土壤中有机质含量,提高土壤肥力。

7 月中下旬,雨季到来,水分充足促进杂草生长,幼树处于竞争中的劣势无法正常发育,要及时中耕,结合松土压青,否则杂草与苗木争夺水分。压青之后,草根和草秆直接在园地里腐烂,可以增加土壤有机质含量,改善土壤理化性质,保水保墒,还可防止夏季土壤温度过高烧伤表土层根系。8 月下旬至 9 月上旬,第 3 次除草。有冻拔害地区,第 1 年以除草为主,减少松土次数。3 年后至郁闭前每年松土除草 1~2 次。要做到一培土、二干净、三不伤。松土逐次加深,逐年扩大面积,注意保护根系。

二、翻耕、扩穴

翻耕可增加土壤孔隙度,使难溶的矿物质转化为可溶性养分,有利于土壤熟化。翻耕一般从定植后第 2 年开始进行,可以在秋季土壤结冻前进行,也可在春季土壤解冻后至树液流动前这段时间进行,但要注意深度不能像秋季翻耕那样深,翻耕之后要及时灌水,以免影响文冠果当年芽萌发等生长。深翻的具体操作:将表土回填于下层土壤,底土填至上层土壤,也可以将表土和有机肥、落叶、秸秆和杂草等混合物填入沟中,有机物腐烂分解过程中会产生有机酸,可改善土壤的化学性质。同时,提倡以耕代抚。

随着文冠果树体的长大,根系逐渐扩张,这时要进行树盘扩穴,以有利于水分蓄积,根系生长。具体做法是沿定植穴或鱼鳞坑外沿挖深60 cm,宽 30~40 cm 的沟,不要与原定植穴壁留隔墙,以便根系外展,挖沟时尽量不要伤害粗根。将挖出的底土放在外面,把表土、有机肥、落叶、秸秆、杂草混合填入沟内。

在西北干旱区也可以覆膜管理,有利于土壤的保湿增温,促进苗木根系活动,提高成活率。地膜覆盖树盘,其覆盖地膜的中心点应低于四周,便于雨水的收集和利用。

三、林粮、林草间作

在文冠果建林初期阶段,林间空地很多,条件好的林地可开展林粮、林草间作。这样不仅能增加经济收入,而且通过人工除草松土、施肥等经营措施,起到保土保墒,增加土壤肥力的功效。特别是间作豆类植物,根瘤的固氮作用可显著增加土壤氮素。同时,作物秸秆还田作为绿肥、枯枝落叶等对土壤又有着较好的改良作用。

实行林粮间作首选大豆、绿豆、黑豆等,林草间作首选苜蓿、草木樨、沙打旺等。但应该注意的是,间作必须要保持间作距离,一般至少要保持距树干 1 m 远,以后随着树冠的扩展,适当缩小间作宽度,这样才不致影响文冠果的正常生长。

第三节 施 肥

俗话说,有收没收在于水,多收少收在于肥。肥是保证产量的基础,要按不同的树龄,不同的生长阶段,掌握好施肥时间和施肥量,原则是春施追肥、秋施基肥,追肥以速效速溶多元复合肥为主,基肥以优质农家肥和长效多元复合肥为主。

苗木定植前和定植后的春天,幼树每年每亩沟施基肥的施用量约为:农家肥 1 000~2 000 kg,尿素 10 kg,磷酸二铵 10 kg,过磷酸钙 20 kg。如果采用穴施,每年每穴使用量约为农家肥 10~20 kg,尿素 100 g,磷酸二铵 100 g,过磷酸钙 200 g。

施肥方法:按树冠投影,环状或放射沟施,施肥过程中,要里浅外深,避免伤根,施肥后用土封严,防止肥分挥发,降低肥效。

据科学部门考查、测量化验得出结论,文冠果种仁含粗脂肪 60%,粗蛋白 28%,碳水化合物 9%,灰分 3%。脂肪和碳水化合物是由碳、氢、氧元素构成,蛋白质除含这三种元素外,还有氮,其含量高达干物质重的 5%,灰分干物质含磷 0.38%、钾 0.23%。根据以上分析结果,得出结论,膨果肥的氮、磷、钾比例是 20:1.5:1,磷肥属于缓慢性肥料,最好是上年施基肥时混在有机肥里施入。这样有利于文冠果的吸收利用,如果等到果树需要磷高峰期施肥,则很难完全被树体吸收利用。

追肥最好选择见效快的速效肥,追肥时间可根据文冠果的生长周期、生长发育特性和实际生产条件,采取春施、花期施、落果期施等措施。

"春施"时应于早春进行,不宜推迟。早春 4 月施肥的原因,是由于早于文冠果地上部分萌动 40 天左右,植株的地下部分已经开始活动,在树根的截断处萌生出很多新根,幼嫩侧根也开始生长,活动旺盛的根系吸收水分和养料,为地上部分的活动做准备。春施肥的种类应以尿素、硫酸铵等速效氮肥为主,施肥量 5 年生以下小树每株 0.15 kg,成龄大树每株 0.3~0.5 kg。

"花期施"在 4 月末至 5 月上旬文冠果大量开花时进行,此期根系正进入第一次活动高峰,施入的速效肥料能很快被吸收利用,补充了树体因开花而造成的营养消耗,减少了幼果因营养不足而造成的落果。花期施肥的种类以氮、磷肥为主,施化肥量每株 0.10~0.15 kg。

"落果期施"是在 5 月末至 6 月初落果高峰期前追施磷、钾肥并灌水,可以提高坐果率。因为磷是种子发育的重要元素,施磷后可提高植株的含氮量,增加根系对氮素的吸收利用,促进了碳、氮代谢,并调节营养生长和生殖生长的矛盾。施肥量磷、钾配比 5:1,每株 0.05~0.15 kg。

"秋施"也称"落叶施",一般在 10 月中上旬进行,以便积雪时有利于肥料的分解。实施方法是结合深翻改土施农家肥、绿肥等基肥,施肥后灌水，并注意防涝、排涝。有机基肥亩施量2 000~3 000 kg；如果配成复合肥并加有微量元素的肥料，视树龄大小每株施0.5~1.5 kg。秋施基肥能增加土壤有机质含量，改良土壤结构和质地，提高土壤肥力，有效增强树势，提高产量。

不管树体挂果多少均需施肥，施肥方式与果肥相同。因为结果对树体营养有损耗，采种过程也可能对树体造成机械损伤，因此，可以在采种前后向树体补充营养和水分，促进树体合成更多的有机物质，满足树体恢复、一生长和贮存有机养料的需求。

绿化观赏用文冠果林分可以每年追肥1次，一般每年5~6月结合浇水追施复合肥1次，每棵树每次追肥量0.5~1.0 kg，撒施，与土混拌，灌透水。无论是哪种追肥方式，随树体增大施肥量应酌量增加。前期以氮肥为主，后期以磷钾肥为主。提倡采用有机肥或测土施肥。

根外追肥也叫叶面喷肥，为追肥的一种，其特点是以水为溶剂溶解肥料向叶面喷施，因为叶是苗木制造碳水化合物最重要的生理作用器官，肥料喷到叶上很快即能渗透到叶部的细胞中去，合成苗木所需的营养物质，见效快。喷后经20~120 min苗木即开始吸收，约24 h能吸收50%以上，在不下雨的情况下，经2~5天可全部吸收。根外追肥可节省化肥用量2/3，能严格按照苗木生长规律的需要供给营养元素。一般要喷3~4次，才能取得较好效果。如果喷后2天内降雨会冲掉尚未被吸收的肥料，雨后应再补喷1次。花期可适量喷施硼酸或硼砂等硼肥，果实膨大期喷施磷酸二氢钾等。当表现出其他缺素症状时，可喷施微量元素。根外追肥需要注意天气影响，应选择无风天气，温度在18%~25%，10：00点以前，16：00时以后的时间段进行喷施。喷到叶面上的肥料溶液容易干，苗木不易全部吸收利用，所以根外追肥利用率的高低，很大程度上取决于叶子能否重复被湿润，因此根外追肥的次数要多。根外追肥不能全部代替土壤施肥，它只能作为一种补充施肥。

第四节　灌水与排水

一、概述

水是植物的命脉。园区规划时，水就是重要一项。配好电源，利用机井或池塘，修好水利设施，在园区高点建水塔、管路和滴灌系统。虽然前期投入高，但在后期管理中能起到关键性作用，滴灌省工、省时，还省水，是一项很好的灌溉措施。

文冠果根系是半肉质根，皮层肥厚，储水能力强，正常降雨就能满足生长的需要。它非常怕涝，雨水过多、土壤板结会影响根系的正常生长，严重时造成烂根，所以雨后排水也是一项重要工作。灌水要掌握好时期，一般秋季干旱，土壤墒情差，封冻前灌一次封冻水，保证树体安全越冬，如果春季干旱，又没进行秋灌的果园，在萌芽前灌一次水，保证文冠果的正常萌芽、开花和结果。要根据墒情，掌握好灌水时间和灌水量（图5-1）。

图5-1　文冠果灌水

文冠果要根据果树一年中的需水情况,结合气候特点和土壤的水分变化进行浇水。文冠果成年果树非常耐旱,需水量较少,一般情况下,自身的根系可保证对水分的需求,只是在每年的 3~4 月文冠果的萌芽前期和新梢生长期,4 月下旬的花期和 5 月中旬开始的果实膨大期,对水分、养分供应十分敏感,是果树需水最多的时期,需要采用浇灌的方式进行补水。每十天左右浇水一次,每次浇水量应做到树盘内水满。在采收前 15 天,不再进行浇水。

二、智能滴灌水肥一体化技术

运用滴灌系统和智能控制系统,并通过制定和执行科学的水肥一体化管理制度,实现对林木的节水、高效栽培的现代化林业技术。这项技术利用物联网、互联网、云计算等现代信息技术,可以对滴灌系统进行现场和远程智能化管理,同时还能对林地的气象、土壤等环境因子进行自动监测和数据采集,作为制定科学水肥一体化管理制度的依据。从而实现了林木不同生长发育阶段的精准灌溉和精细施肥。

基于物联网的人工林滴灌智能控制系统。具备植物生长环境因子监测、灌溉管理、设备监测、实景监测、实时监测预警、现场互动、火情预测、多用户管理八大功能。

(1)揭示了滴灌栽培人工林局部灌溉条件下的根系分布规律,据此提出了滴灌栽培人工林局部灌溉的科学依据以及沿树行铺设一条滴灌管的设计方法,解决了长期以来存在的人工林滴灌系统灌水器布设不合理的问题。

(2)提出以滴灌栽培人工林吸收根主要分布土层含水率的年变化规律作为科学灌溉的依据,从而实现了滴灌栽培人工林在整个生长季内的精准灌溉。

(3)提出了以单次有效灌溉时长(灌溉量)及沿树行滴灌管下土壤湿度传感器指示出的土壤含水率为指标制定人工林灌溉制度的方法,并制定了不同土壤类型人工林的智能滴灌灌溉制度。

(4)提出了以林木生长量为目标和以果实产量为目标的人工林在各生长发育期对 N、P、K 营养元素的年吸收量为依据制定滴灌施肥制度的方法,从而实现了人工林滴灌施肥的精细化。

（一）灌溉管理

1. 手动灌溉

用户通过点击手机 App 中灌溉控制功能进行查看阀门当前状态，通过操作按钮的开／关，管理水泵、电磁阀的开启、关闭工作。

2. 制度灌溉

用户通过手机 App 中的轮灌计划，设定阀门或阀门组的开启、关闭时间和周期，设置灌溉制度，系统通过设置制度发送给田间控制器后，按照该制度自动进行灌溉任务。

3. 智能滴灌

当有传感器对灌溉区域的土壤环境和气象环境进行监测时，专家系统经过数据分析，制定智能灌溉的控制条件，该灌溉制度可对土壤和气象指标进行设定，当指标低于设定阈值时自动开启进行灌溉，当指标高于设定阈值时自动关闭。

（二）配方施肥

1. 施肥时间

分四个时期：

P1 萌芽开花及展叶期（4 月 15 日至 5 月 15 日），每隔 10 天施肥 1 次，共施肥 5 次。

P2 坐果期和春稍停止生长期、果实第一次膨大期（5 月 25 日至 7 月 5 日），每隔 10 天施肥 1 次，共施肥 4 次。

P3 果实第二次膨大期、花芽分化期、成熟期（7 月 15 日至 7 月 25 日），每隔 10 天施肥 1 次，共施肥 2 次。

P4 果实采收后期至落叶期（8 月 5 日至 9 月 5 日），每隔 15 天施肥 1 次，共施肥 2 次。

2. 施肥方法

（1）单独施肥。施肥时，将肥料倒入施肥桶，装满水（约 1 m^3），充分搅拌溶解，静置 10 min 后（桶里的水比较平静后），打开施肥泵施肥，施肥桶中肥液施完后（约 20 min），重复冲洗一次施肥桶，施肥后灌溉。

（2）结合灌溉施肥。先灌溉 6 h 后再施肥，约 20 min 可将一桶肥液施完，重复冲洗一次施肥桶，施肥后灌溉，将管道内的肥液全部冲洗干净。

①幼树配方肥。萌芽、展叶生长期 $N : P_2O_5 : K_2O = 20 : 15 : 10$，生长结束后期 $N : P_2O_5 : K_2O = 20 : 11 : 15$。施肥量每亩 5 kg/ 次。

②结果树配方肥。萌芽至开花、展叶、坐果期 $N : P_2O_5 : K_2O = 30 : 12 : 13$，果实膨大硬化期 $N : P_2O_5 : K_2O = 25 : 13 : 17$，果实采收后期 $N : P_2O_5 : K_2O = 25 : 11 : 10$。

第五节　林地中耕除草

中耕锄草是最基本的抚育措施。对 2~5 年生文冠果幼林，一般每年抚育三次，即春耪、夏耘、秋耕培土。春耪于 5 月末至 6 月初进行，此时杂草幼嫩，通过消灭幼草，控制杂草蔓生，还可以改良土壤，蓄水保墒，增加肥力。夏耘在 7 月中、下旬进行，因雨季到来，春耪时漏掉和以后萌发的杂草又旺盛地生长起来，中耕的目的就是除掉这批杂草，不让其结籽散布。

秋耕培土，一般在 8 月末至 9 月末进行，一方面将杂草铲尽，同时在幼树根际培土，以保持土壤水分和保护根颈部在整个冬季不受机械损伤。

随着幼林的生长，抚育次数可逐年减少。不过，在幼林郁闭之前，每年最少中耕除草一次，以防止杂草丛生，消耗肥力，影响林木的生长发育。

第六节　间　作

文冠果林要实现可持续发展,就要让农民可持续获取比较高的经济效益。农民在单位面积上获取的经济效益越高,培育文冠果林的积极性就越高。文冠果造林,要取得比较高的经济效益,是一个系统工程,在早期不具备原料收购、深加工情况下,"林粮间作"(图5-2)的模式可能是增加文冠果林幼树期经济效益的有效办法。

图 5-2　林粮间作

文冠果未郁闭成林之前,进行间作套种(图5-3、图5-4、图5-5),一是不浪费地力,二是可以创造早期经济效益,缓减文冠果早期无收入带来的土地使用费及劳动力费用压力。由于文冠果是一个强阳性树种,无论间作何种作物,都以不影响文冠果通风和光合作用为前提。

图 5-3　林 – 林间作

图 5-4　药 – 林间作

图 5-5　文冠果 – 藜麦间作

辽宁北票地区采用文冠果与谷子和黍子间作，虽然结果表明，文冠果纯林的生长量高于间作后的生长量;但是,间作模式下,土壤养分含量和土地利用效率要好于纯林,达到160%以上。辽宁西北地区主要包括辽宁省朝阳、阜新、锦州等地,自然气候以干旱为主,文冠果和黄精都是本地原生物种,都具有较高的栽培经济价值。通过生产实践,根据两者不同的生物学特性,在文冠果行间间作黄精,弥补了文冠果栽植后前期无产出的不足,有效利用了行间空地,直播黄精,覆膜保苗,文冠果树对黄精的遮阴,有利于黄精的正常生长,3~4年后采收,不仅减少了林间除草、经营管理等开支,而且又能产生较高效益。

油用牡丹和文冠果的根,浅根和深根搭配,互不相争而各得其所;并且它们均为肉质根,耐旱不耐涝,怕水淹,适宜在排水良好的地方种植。我国北方广大的山区、丘陵区和黄土高原地区地形以坡地为主,刚好具有不存水的特性,既满足了两种植物生长的需求,也符合国家不与粮争地、不占用基本农田的要求。

从光热水土资源共享来看:油用牡丹和文冠果乔灌搭配,充分利用了土地空间,提高了土地利用率;变单作顶部平面用光为分层、分时交替用光,提高了光能利用效率,增加了生物量的积累;油用牡丹和文冠果套种使根系分布更加合理,可以充分利用土壤中各层的养分和水分。

从生物多样性角度来看:油用牡丹与文冠果都是我国的原生物种,在我国都有上千年的栽植历史,不存在外来物种入侵的风险。并且与单一树种构成的纯林相比,油用牡丹和文冠果组成的混交林系统,食物链更长,营养结构更加多样,有利于各种鸟兽昆虫栖息和植物繁衍,对于保护生物多样性有较好的促进作用。同时,不同生物种类相互制约,也可以有效控制病虫害的发生。

因此,油用牡丹和文冠果套种(图5-6),上乔下灌,上阳下阴,上热下凉,可谓天作之合,是最科学合理的路径。就连牡丹籽油和文冠果油调和后的营养成分对人类保健功能也是最佳配置。

崔丽楠在辽西阜新县对文冠果的套种模式进行了研究,结果发现:

（1）就文冠果生物量而言,间作模式下文冠果纯林的树高、冠幅、胸径增长量好于文冠果－花生、文冠果－谷子间作模式。文冠果－谷子间作模式增长量相对最小。这是由于谷子相对较高,对文冠果的树干有一定的遮阴作用(表5-1)。

图 5-6　油用牡丹与文冠果套种

表 5-1　套种模式

模式	树增高量 /m	冠幅增长量 /m	胸径增长量 /cm
文冠果 - 花生	0.154	0.351	5.98
文冠果 - 谷子	0.186	0.312	4.22
文冠果纯林	0.201	0.397	8.38

（2）文冠果间作模式下，土壤有机质、速效氮、速效磷、速效钾含量均随着土层深度的增加而减小。在 0~20 cm 土层范围内，土壤有机质、速效氮、速效磷、速效钾含量均表现为：文冠果 - 花生 > 文冠果 - 谷子 > 文冠果纯林；在 20~40 cm 土层范围内，土壤有机质、速效氮、速效磷、速效钾含量也基本表现为文冠果 - 花生 > 文冠果 - 谷子 > 文冠果纯林。

（3）不同间作模式下，纯林的文冠果产量最高，文冠果 - 花生和文冠果 - 谷子产量相差不大。虽然这两种间作模式都是能大幅度地提高土地利用效率，但是林农复合系统对农作物造成的减产是不能被忽视的。主要是由于果树的遮阴作用，水分养分的竞争等一系列地上和地下部分竞争共同作用下产生的结果（表 5-2）。

表 5-2　间作模式

模式	每亩果树产量 /kg	每亩作物产量 /kg
文冠果 - 花生	70.28	120.52
文冠果 - 谷子	73.53	103.26
文冠果纯林	83.25	—

2011 年，甘肃靖远县尝试了文冠果套种芦巴子、板蓝根、知母等中药材的探索。但就经济效益而言，实践情况见表 5-3。

表 5-3　经济套种

模式	面积 /hm²	药材产量 / (kg·hm⁻²)	单价 (元·kg⁻¹)	增收 / 万元
文冠果 – 芦巴子	1.33	600	10	0.798
文冠果 – 板蓝根（根）	2.00	1 500	12	3.840
文冠果 – 板蓝根（大青叶）		600	2	
文冠果 – 知母	0.67	1 800	8	0.965

文冠果套种作物或中药材，能够扩大植被覆盖率，有利于微生物的活动，深厚的枯枝落叶层和发达的根系，起到良好的蓄水保土和减轻地表侵蚀的作用，有效地涵养水源，防治水土流失。同时，随着生态环境的有效改善，为各种动植物提供了良好的生存繁衍环境，种群数量更加丰富，保护了生物多样性，使项目区生态环境呈良性发展趋势。

第七节　低产林改造

由于疏于肥水和树体管理，部分文冠果林分生长缺乏必需的营养，导致生长缓慢，结实量低，形成低产林。目前常见的低效林改造技术有平茬、截干、优良品系嫁接、施肥浇水等，均能显著改善文冠果低效林的生长状况。

一、概述

（一）术语和定义

1. 低产林

生长量或单位面积产量显著低下的林分。由于文冠果林 1~5 年主要为营养生长，因此，这里的文冠果低产林指的是林龄大于（不含）5 年，亩产低于 20 kg 的林分。

2. 更新复壮

通过人工措施使效益低下的林分恢复正常,使树木增强树势、提高产量的技术。

3. 平茬

林木从根颈处全部剪截去上面的枝条,使之重新发出通直而粗壮主干的树木更新方法。更新后的树木不仅通直粗壮,而且少病虫害。

4. 回缩

回缩也称缩剪,是指剪掉多年生衰老枝条的一部分使其复壮的树木修剪方法。

5. 高接

在已形成树冠的大树上进行的嫁接方法。一般在骨干枝的分枝上部 20~30 cm 处用腹接、劈接或切接以及芽接等方法接上若干接穗,嫁接数较多时,称为多头高接。

（二）低产林的判定特征

（1）生长势明显减弱,枝条的生长量减少;

（2）果枝上花芽稀疏而且质量差,坐果率极低,单位面积产量明显下降。

（三）低产林改造的时间

更新复壮时间:要在文冠果秋季落叶后到春季发芽前的休眠期中进行,以发芽前 2 个月(即北方地区 1~3 月)更新最好。需要注意,在干旱和病虫害严重危害的年份,尽量不要进行更新复壮,因为这样的年份树体贮藏养分很少,更新后植株会生长不旺或者长不出新的植株,甚至出现整株死亡。

嫁接改造时间:在文冠果冒绿前后时间即可,良种接穗在发芽前一个月(即北方地区3月)采集较好,接穗采集了及时浸水5~8 h,蜡封放冷库备用。

(三)低产林改造方法

一是更新复壮,主要包括平茬复壮和回缩复壮。一般对树龄较大的低产林,且之前产量较好的,或者遭破坏、生长势衰弱的半死树、病虫害严重、产量低下以及衰老树已抽不出新梢的文冠果林,通过更新复壮,以达到增强树势、产量增加的目的。

二是高接换头,对5~10年林龄的文冠果低产林,可以考虑进行良种接穗高接换头,林龄10年以上或者一级枝直径大于5 cm的低产林,如果进行高接换头,需先进行更新复壮,再进行高接换头,通过更好优良品种,达到提高产量的目的。

二、文冠果低产林改造嫁接技术

由于文冠果用种子繁殖其子代遗传变异与分化很大,加之杂交败育,而枝条扦插又难生根,因而,对于低产林、低产树的改造,选用优良品种接穗,采用截干嫁接、高位主枝嫁接进行换头改造,是非常有效的技术措施。

若林分树势较好,林相整齐,但种实产量低,可以采用高接换头技术嫁接优良无性系的方法促进结实。选择适合当地生长的国家级良种、省级良种、新品种等接穗进行改接。在春季高接之前,需要在萌芽前控制肥水。高接主要以插皮接为主,适宜时间为春季萌芽后。粗枝采用插皮接,为了改变接穗分布方向,开张角度大的细枝可采用切腹接。枝接后管理主要包括补接、除萌、绑架杆、解架杆等内容。根据塑造树型选留好嫁接枝,弱枝、冗余枝剪除。嫁接后树冠高度控制在2.2 m以内,冠幅控制在2.0~2.5 m。修剪采用交叉修剪,轮流坐果的形式进行,保证结实的稳定性。

（一）嫁接方法的名词解释

根据接穗选取的器官及其发育程度，可以分为硬枝接、嫩枝接、带木质部嵌芽接（芽接），嫁接（图5-7）因其刀法可以分为切接、劈接。

图5-7　嫁接

硬枝接：砧木用干或硬枝，接穗用发育好的一年生硬枝的嫁接方法，因砧木嫁接部位分为根接（嫁接部位的地面根颈交际处）、干接、高枝接。切接、劈接两刀法方法都适用，仅根据接穗与砧木径的差异而不同，接穗比砧木细采用切接，接穗径与砧木径相等采用劈接；技术关键为至少保证一侧形成层对齐。

嫩枝接：砧木与接穗都用当年生嫩枝的嫁接方法。因砧木嫁接部位分为根接（选用当年生幼苗做砧木）、高枝接。嫁接刀法适于劈接或贴接，技术关键为砧木与接穗枝径相等，以保证髓心形成层均要对齐。

带木质部嵌芽接：砧木不需要剪短，接穗用发育好的带木质部大片芽的嫁接方法。

（二）优树选择与接穗采集管理技术

1.接穗选取

前一年根据枝、花序、花、果、叶的性状，选择评价确定观赏型优良母树，次年2~3月中旬采集一年生发育良好、芽饱满的枝条做接穗（硬枝嫁接、芽接用）；嫩枝采集为次年嫁接时随用随采。

2. 硬枝接穗剪取与运输

接穗采集选取枝条基径粗度 4 mm 以上（越粗越好）、芽饱满、具顶芽、皮无损伤的枝条，用锋利剪枝剪或高枝剪剪下，剪口横截面与枝条长轴垂直，保证剪口最小；分类用冷藏箱（用冰袋、密封冰块袋等保持低温）保存、运输。

3. 硬枝接穗保湿处理与保存

采回后的接穗，按一定数量捆成小捆，保证剪口整齐，立即以直立方式用干净水培 12~24 h，每捆剪口迅速蘸加热融化石蜡溶液，将剪口密封，防止保存过程中接穗试水。接穗保存采用低温库或冰箱，进行低温湿藏、低温冷藏、低温湿沙埋藏 3 种方法保存，整个过程中保证芽、皮不要受到损伤。

（三）硬枝嫁接技术

1. 嫁接时间

根接在春季土壤解冻达 10 cm 深度以下，树液刚开始流动，芽萌动前进行（辽西地区切接在清明前后）。干接、高枝接在芽绽放期与吐絮期均可（北京地区为 4 月 10 日前后），这有利于错时安排工期。

2. 切接技术要点

根接的断砧高度在地面 6 cm 以下；干接与高枝接砧木剪口选取分生点部位（过去顶芽分生枝部位），选择砧木平直的一面，从横切面上垂直下切，深达 4 cm。再将准备好的枝条削取留有 2 个芽，长约 4 cm 的接穗，在接穗的下端没有芽的两侧面，削长约 2.5 cm 的斜切面，削面角度要求约 30°。尖斜度不宜过大，过大则空隙大，不容易与砧木密接，顶端要平，不可尖。砧木和接穗切好后，迅速插入砧木切口中。将砧木和木质部的皮层对准,然后合拢砧木,靠紧砧木的木质部,再用缚扎物(塑料布)把伤口从下到上扎好,务使不露空隙,以减少蒸发保证成活。绑缚好后,接穗上剪口与砧木剪枝口用防水漆或树木愈合剂涂抹,防止水分散失,有利于提高嫁接成活率。干接、高枝接的高度要兼顾园林苗木规格而定,还要考虑嫁接部位尽量要低,这样砧木根部供应水分养分充足,有利于接口愈合。

3. 劈接技术要点

参照切接技术要点,与切接不同的是,要求砧木与接穗粗度相同,接穗削成对称楔形即可,保证两侧形成层对齐。此技术适合技术熟练嫁接工使用,成活率更高。

(四)嫩枝劈接技术

1. 嫁接时间

嫩枝劈接的时间相对灵活,5 月下旬至 7 月中旬均可进行。

2. 技术要点

选择当年生幼苗与幼树新生枝作砧木,剪去顶梢后从中间劈开,然后剪取优树上的嫩枝(梢)做接穗,长 3~5 cm,摘除下部嫩叶,用利刀削成楔形切面(长 1.5~2.0 cm),保留 2~3 个芽,插入砧木切口,对准形成层并细致绑扎。砧木及接穗均处在幼嫩阶段,分生组织活跃,极易愈合,且接口牢固。但嫩枝嫩梢嫁接时气温已开始升高,嫩梢容易失水,最好是就地嫁接,选择阴天进行,并注意嫁接过程中保湿。

(五)带木质部嵌芽接技术

1. 芽接时间

春季嫁接参见硬枝接;秋季嫁接暖温带地区嵌芽接适宜期在末伏、

温带北部(如赤峰北部、吉林、黑龙江等地)为初伏,两个地带的过渡区(如辽宁西部)为中伏。

2. 接穗选择

选地径 1~2 cm 的 1~2 年生苗,或地径 1~2 cm 的 1~2 年枝做砧木,春季根接用早春采集的硬枝接穗;秋季嫁接用当年生芽发育好的新枝接穗。

3. 技术要点

根接部位距地面 4~6 cm 处,干与高枝接在分生点枝下树干光滑处,用芽接刀在砧木无分枝向阳面处横切一刀,5~8 mm 宽,其深度刚及木质部,再于横切口中部下竖直切一刀,1.5~2.0 cm 长,使皮层形成 T 字形开口。从穗条中选择充实饱满的接芽,用芽接刀在其上方约 5 mm 处横切一刀深入木质部约 3 mm,再用刀从接芽下方约 5 mm 沿木质部向上推削至接芽上方的切口为止。用刀挑开砧木 T 字形切口的皮层,将接芽植入切口内,植入后要进行微调,将接芽的横切口与砧木的横切口对齐而不能暴露砧木形成层,一次性就位最为理想。接芽放妥后即用塑料膜绑缚,绑缚时必须露出接芽。该方法虽显烦琐费时,但操作熟练后可在 1 min 内完成一株的嫁接,且嫁接成活率很高,成活质量很好。

(六)不带木质部丁字形芽接

1. 嫁接时间及接穗采集与储藏

在上述育苗的基础上,第二年春季进行嫁接。以 5 月下旬至 6 月上旬左右为宜。文冠果和别的果树不同,新梢停止生长早,木质化形成快,如果接晚了,取芽时接芽的生长点(俗称护芽眼)不容易分离,影响成活率,所以嫁接时间必须早,新梢半质化,接穗能顺利取下接芽时就开始嫁接。

2. 嫁接的方法

先选择充实饱满和砧木相近的当年新梢,剪去前端嫩梢部分,再剪掉叶片,保留 0.5 cm 长的叶柄,防止接穗水分蒸发,边剪边放在提前准备好的保湿箱内盖严,如果离嫁接地点近,可随接随剪取;如果离嫁接地点远,需要运输,把接穗放入保湿箱装满后,上边盖湿毛巾,盖好封严,有条件最好放上些冰块降温,运到地点后放到 –5 ℃ 的冷窖中备用,储存的接穗不要放置时间过长,最好在 2~3 d 内用完。

3. 嫁接过程

先在砧木距离地径(苗干靠近地表面处)基部 5 cm 光滑部位,横切一刀,大约直径的 1/3,再在横切口中间向下纵切一刀,动作要轻,不要伤及木质部,使两刀口呈现丁字形;在接穗上选饱满芽,在芽上方 0.5 cm 处横切一刀,长度是直径的 1/3,再在横刀口处向下垂直点 1.5 cm 处向上左右滚切一刀,与上边横刀口的边相遇(丁字形三刀取芽法),然后轻轻捏住叶处往一侧推,将接芽取下,用芽接刀后边的拨片拨开砧木皮层,将芽放入切口内,并向下推动,使芽片横刀口与砧木上边横刀口对严后,用嫁接塑料条绑紧、捆严,不能透气进雨水,捆绑时,叶柄露在塑料条外边。

4. 接后管理

接后 6~7 天,叶柄由绿变黄,轻轻一碰就掉,证明成活;如果叶柄和接芽变成黑褐色、干枯,证明已死亡。确定死亡后马上补接。接后 15 天,接芽已全部愈合,解除塑料条,在砧木接芽上方 0.5 cm 处剪砧,剪砧后 5~7 天嫁接芽开始萌发,及时抹除接芽以外的砧木萌芽,并对苗地进行松土除草,等接芽长到 10~15 cm 时,进行追肥(速效氮磷钾水溶肥)。追肥后如果干旱进行浇水,注意田间病虫害防治。嫁接苗生长到 70 cm 时进行掐尖打顶,促进苗木木质化程度和加粗生长,也有利于田间小苗的快速生长,便于安全越冬。

（七）复接

一般采取顶部复接法，物候期是树液开始流动，萌芽前进行。一般在 4 月中旬左右，要求砧木和接穗粗度相近，可选择 1 年生枝或 2 年生细枝进行嫁接，在枝条和砧木相近处，选择光滑部位，剪断，距剪口下 0.2 cm 处用修枝剪向下斜剪一剪口，横向深度达砧木枝条直径的 1/2，长度 2 cm 左右，将接穗两面各削一刀，形成一面薄、一面厚，芽眼留在厚面一侧，然后将削好的接穗插入砧木剪口中，使厚面与砧木外面皮层对齐，生长点留在外侧，用塑料条连同砧木顶部绑严，不漏气、不进水，接穗顶部用创伤布胶或铅油抹好，防止失水，等接穗完全愈合长牢后解除塑料条。

（八）插皮接

插皮接适合比较粗壮的大树高接换头使用，嫁接时树体已经发芽离皮时进行。辽西地区 4 月 25 日至 5 月 10 日，将需要嫁接的树先进行修剪定枝，选好留下的枝干，在光滑处进行剪截，在截好的剪锯口上选择合适的方位和角度向下纵切一刀，长 3~4 cm；在选择好的接穗上留两芽，在芽的下方削一斜面，形成马耳形，长 3~4 cm，在大斜面对侧下方和两侧微微削去表皮，削面上边留 2 芽剪断，左手握住砧木切口下方，右手握住接穗上方，插入接口，往下推进，接穗上边留 1 mm（露白），然后用宽塑料条把砧木顶部和接口绑严，接穗顶部用创愈灵或铅油封顶、保水。

大树高接换头长势非常强，容易被风刮断，当接芽长到 20 cm 时需要摘心，促发分枝，摘心后把接口塑料解开重绑，砧木前边的横切面露在外面，把后边缠紧即可（防止砧木横断面与接穗交叉处被塑料条勒细，被风刮断）。风大地区应用细竹竿或木杆固定在砧木上，用来引绑嫁接新梢。总之，嫁接成功与否，就是想办法不被大风折断。等到秋季落叶前把架杆与嫁接塑料条全部解除。

（九）嫁接后砧木与嫁接苗管理技术

1. 抹芽、除萌

嫁接后每 5~7 天检查一次，砧木树干、根际长出的萌枝、新芽；硬枝嫁接、嵌芽接的接穗新梢长到 20 cm 以上，基本不再萌枝与新芽。

2. 检查成活与补接

硬枝接：嫁接后 15~20 天检查并确认成活，若接芽变色、抽干应立即补接。

嵌芽接：嫁接后 7~10 天检查成活，若接芽变色、抽干应立即补接；嫁接后 15 天可以确认成活，如果接芽未干并显有生机的绿色，轻触接芽的叶柄，即脱落，这表明接芽已成活，切口已经开始产生愈合组织，叶片受砧木影响有能力形成芽片与叶柄离层。

3. 扶直与绑缚支柱

干接、高枝接、嵌芽接接穗新生枝长到 15~20 cm 时，新梢往往下垂，同时，为了防风折断接穗，应及时立支柱扶直，将新梢、砧木用塑料条、软麻绳、软布条等捆于支柱，以免新梢弯曲。支柱可用直径 1.2~1.5 cm，长 40~50 cm 竹竿，或硬木棍，确认绑缚牢固，立地条件好、新生枝长势好的地区，支柱宜加粗、加长。

4. 剪砧

劈接应两次剪砧，第一次在萌芽后剪去嫁接口 5.7 cm 以上部分，第二次在新梢 15 cm 长时剪去嫁接口以上砧木。嵌芽接接后 15 天确认成活后，在接芽上方 0.6 cm 处将砧木上梢剪掉，剪口像接芽背面倾斜，形似马蹄形，有利接口愈合，生长直顺，剪口用防水漆或树木愈合剂涂抹。

5. 解膜、培土

立柱绑缚后,待接穗新生枝达到 30 cm 以上,确认木质化后,将绑砧的塑料膜,用锋利刀片纵向划开;对于根接的,划开薄膜后,将嫁接口培土,增加接穗新生枝的稳固性。

6. 整形、掐尖

接穗新生枝苗生长到一定高度时(40~50 cm)应将顶端剪除,在 25~40 cm 促发分枝,掐尖前施足肥水,对抽发的分枝,一般留分布均匀的 3 个分枝,待分枝生长至 15~20 cm 时将其短截。培养穗材的可以不用掐尖。

7. 苗圃管理技术

嫁接后应对嫁接地的土壤墒情进行管理,以防止接芽在嫁接成活后却因干旱而导致其死亡;接穗在芽萌发前至 7 月下旬,每月施腐熟液肥一次,干旱时应注意灌水;对圃地内的杂草,应及早连根拔除,注意不要使用化学除草剂除草,以免伤害幼苗。在嫁接圃地进行田间管理作业时,注意对嫁接苗进行保护,防止其受到人为的损伤;文冠果病虫害相对较少,管理时注意病虫害发生,及时采取措施。

三、回缩更新技术及配套措施

(一)干枯、病弱枝

用锋利的手锯将干枯、病弱枝锯掉,锯口要平滑,并进行伤口处理。锯口下要有较粗壮的小分枝或一年生枝,要回缩到靠近骨干枝的饱满芽处,不要留弯度大的分枝。

（二）内膛或中下部一年生枝

树冠内膛或中下部如有一年生枝，用枝剪将其中截到饱满芽处，培养成新的树冠结构。

（三）单株衰老树

单株衰老树要 1 次完成更新，如果分年度进行，易出现偏冠的现象。

（四）半死或病虫害严重树

对一些半死树或病虫害严重的文冠果，不要进行回缩更新，进行平茬更新。

（五）刮树皮

衰老树树皮粗糙，影响树干增粗，易使树体早衰，同时也是害虫的越冬场所。因此，刮除老树皮，集中烧毁或深埋，既能消灭越冬害虫，又可促进树体生长。刮树皮结合回缩更新技术，每隔 1~2 年进行 1 次。刮树皮以刮除老皮为宜，不可过深，以免造成伤口，引起冻害和流胶，影响树体生长。在刮树皮时，不仅要刮树干，还要刮分枝处的皱褶及分枝上的老皮。在刮树皮时，要在树干下铺一块塑料布，将刮除的老皮碎屑和虫卵等收拾干净，进行深埋和集中烧毁。

（六）锯口涂保护剂

锯大枝留下的锯口，应该用锋利的刀具削平锯口，涂上石硫合剂或硫酸铜保护剂，并用塑料布包裹，防止水分大量蒸发。

（七）树干涂白

冬季树干涂白，尤其是更新老树更加重要。因为这些树在冬春季节，没有树叶的遮拦,阳光会直射树干,从而引树干阳面温度变化剧烈,致使阳面树皮坏死,树皮剥落,招致病虫害,削弱树势,影响树体生长。树干涂白可以反射直射阳光,降低树干温度,防止日灼病发生,同时涂白剂也可以消灭害虫和病菌。结合回缩更新技术,把配制好的涂白剂用毛刷涂在树干和大枝上,分叉处和根颈部均要涂到。其中,涂白剂的配制原料为生石灰 15 kg、食盐 2 kg、动物油脂 200 g、石硫合剂原液 2 kg、水 30 kg。先分别将生石灰和食盐用少许水化开,然后把兽油倒入生石灰水中充分搅拌,再把剩下的水加入,最后加入盐水和石硫合剂,混合均匀。使用时再加入 2 kg 水泥,搅拌均匀后使用。

四、幼龄树的嫁接换头方法

现有栽培的文冠果树,大多数都是低产混杂的实生苗,丰产品种不足 1/3,给生产带来负面影响。没有产量就没有效益,没有效益老百姓就不栽树,产业就发展不起来。改造低产树促进生产建立在优良种质基础之上,这是当前需要解决的头等大事。

（一）平茬嫁接

若林分树势差,林相不整齐,缺行断垄,种子产量低,可进行平茬复壮。平茬时间在冬季或初春,树液流动或芽萌动前。平茬部位以齐地面效果最好,平茬工具要求锋利,做到茬口平滑,不劈裂,平茬口及时涂防水漆或愈合剂。在平茬之后的春季,可以萌发出新枝,选择不同方向粗壮的新枝 3~4 个,其余新枝全部除去,为树木定型。枝条 1 年生长量可达 90 cm,第 2 年即可结果,可增产 30% 左右。平茬后的第 2 年要及时回缩新枝,长度大约 85 cm。之后,文冠果要经常整枝修剪,去除徒长枝、平行枝、内膛枝、病虫枝等影响树体生长的枝条。

采用隔带平茬措施,该措施既可保证文冠果基本的产量,而且也不影响其水土保持效果。平茬带和保留带均与等高线平行,平茬带和保留带的宽度基本相等,或者平茬带略小于保留带宽度,均为 3~7 m;待平茬带进入结果期后（一般 2~3 年）再平茬保留带。

平茬的部位应越低越好,以齐地面效果最好,留茬太高,不利于萌蘖,容易使枝条生长较少或细弱。树体平茬时,要用带刃锋利的工具,平茬口要平滑,不劈裂。

（二）高接换头

2~3年生的幼树,可在中心延长枝和主枝枝条,用同样的办法进行丁字形芽接。嫁接虽然费工,但树成形快,结果早。这种办法嫁接速度快,成活率高,不易风折,是一个成熟的幼树改造的好方法。

（三）4~6年生树的高接换头改造

这个时期树已成形,在各主枝基部选择粗度合适,光滑处截断进行插皮接。嫁接方法,参照上述嫁接部分,接后等接穗芽长出20 cm左右时进行摘心,促发分枝(此时摘心后顶部枝梢到来年仍有一部分顶芽能结果),做好架杆引绑工作,防风折断。插皮接优点是嫁接速度快,枝条发育旺盛,第二年就能结果,第三年能丰产。缺点就是容易被风折断,所以防风是一项重要工作。

（四）老树截干换头

对于严重衰弱的老树,采取截干处理(图5-8、图5-9、图5-10),距地面高度50~60 cm截断,春季树液流动前进行,保留住树体储存的养分,保证截干后的长势。文冠果截干后一般从锯口上面、皮层内侧愈合组织上长出新芽,按需要选留3~4个健壮萌芽进行培养,其余及时抹除。对截干后选留的枝条,长到适合嫁接条件时进行嫁接(嫁接方法参照嫁接部分),嫁接时选择优良品系,注意土壤改良、增施肥料,促进快速复壮。

对50~60年树龄的文冠果进行截干后换头,第二年即可开花结果,第三年即进入盛果期,产量比改造前增加了3~5倍。

五、文冠果低产林高接换优穗芽丰产配置技术

我国大面积种植文冠果始于20世纪60~70年代。"千花一果"导致文冠果的果实产量非常低。1999年,我国文冠果平均亩产油仅为

1.67 kg。经济效益低下,降低了种植户管理文冠果的积极性,仅20世纪末,被荒废和砍伐损失的文冠果达60万亩,占当时全国文冠果的50%以上。

图 5-8 2009 年春翁牛特旗经济林场文冠果低产林改造——截干

图 5-9 截干后当年新梢生长情况 图 5-10 截干后第二年新梢坐果情况

为提高文冠果果实产量和规模化推广文冠果优良种质,我国学者研究了嫩枝扦插、硬枝扦插和根插等文冠果的无性繁殖方法。穗长以 13~15 cm、带 2~3 片叶,插前用质量浓度为 250 mg/L 的 IBA 溶液处理,嫩枝扦插文冠果成活率可达 41.2%;随母株年龄的增大,硬枝扦插的生根率和苗生长量、根数、地径都会下降,而使用质量浓度为 100 mg/L 和 300 mg/L 的 IBA 及 100 mg/L 的 ABT-6 处理硬枝后,文冠果平均成活率可达 33.22%;插根长度 10 cm,扦插时用质量浓度均为 250 mg/L 的 NAA、IBA 或 ABT 溶液处理插条基部 30 s,生根率可达 92%,平均成活率达 82.9%。

通过对常规嵌芽接、改良嵌芽接和切接方法的比较分析,韩淑贤等发现采用改良嵌芽接法,文冠果的嫁接成活率最高达 57.44%,常规嵌芽接法次之,成活率为 36.71%,切接法最低成活率仅为 29.54%;改良嵌芽接和常规嵌芽接法相比,改良嵌芽接将切芽长度从 1 cm 提高到 2~3cm,可以增加切芽和砧木切口的愈合面积,从而提高嫁接成活率、砧木和接穗利用率。春季带木质芽接、夏季 T 形芽接、秋季带木质芽接和春季插皮接的对比结果表明:文冠果砧木粗度大于 0.4 cm 有利于嫁接成活率的提高。在嵌芽接中,使用 1 000 mg/L 吲哚丁酸和 500 mg/L α–萘乙酸快速蘸抹接芽有利于提高文冠果嫁接成活率,成活率可达 94.32%,保存率达 47.9%~76.9%,当年即可挂果;穗条以 0.3~0.7 cm 为优,在 4 月初嫁接较好。另外,张桂琴[1] 开展的文冠果芽砧苗嫁接表明:芽砧苗嫁接成活率达 80%,一年四季均可开展;芽砧苗嫁接的部位为幼嫩组织,接合部位能形成全面的愈合组织,抗病虫害能力强,且可防止后期黑腐病的发生。

以上研究在一定程度上提高了文冠果林产量,但由于文冠果存在自交不亲和,如果相邻穗条为自交不亲和(SI)的同一基因型,则自交败育更易发生,从而造成低产。因此,只有明晰文冠果种质间的亲缘关系并改变文冠果林传粉格局,其低产问题才获得有效突破。目前,还没有关于文冠果种质间亲缘关系 SSR 分析的研究报道。

（一）丰产高接换冠的分子设计

针对上述问题,本技术通过 SSR 标记检测 Dice 遗传系数,根据结实率和坐果率选配出最佳授粉组合的 Dice 遗传系数范围 I;根据嫁接成活率,选出最适嫁接的 Dice 遗传系数范围 II。Dice 遗传系数范围 I 和 Dice 遗传系数范围 II 的共同部分为最适文冠果种质组合的 Dice 遗传系数范围。对此 Dice 遗传系数范围内的文冠果进行高异交传粉设计配置,可有效地降低自交和同株异花授粉发生率,提高异交传粉率,从而保证文冠果高产。

1. 分子设计方法步骤

（1）选择不同文冠果种质,分别提取其 DNA。
（2）筛选适用于文冠果的 SSR 标记引物。

1　张桂琴 . 文冠果芽苗砧苗嫁接技术的研究报告 [J]. 特产科学实验,1984（4）: 17-20.

（3）利用筛选出的 SSR 标记引物，计算不同文冠果种质间的 Dice 遗传系数。

（4）将 Dice 遗传系数划分为 8 个级别；在每个 Dice 遗传系数级别内，设计文冠果组合。

（5）根据步骤（4）设计的文冠果组合，以 2 个不同文冠果种质互为授粉树，进行人工授粉。

（6）根据步骤（4）设计的文冠果组合，进行人工嫁接。

（7）在人工授粉后的第 20 天统计并计算结实率，第 60d 统计并计算坐果率，得到配合力最高的 Dice 遗传系数范围 Ⅰ 。

（8）嫁接后第 60 天统计并计算嫁接成活率，得到嫁接成活率最高的 Dice 遗传系数范围 Ⅱ 。

（9）以步骤（7）、步骤（8）得到的 Dice 遗传系数范围共同部分的文冠果为种质材料，设计文冠果丰产高接换冠模式。

步骤（1）提取 DNA 的方法为改良 CTAB 法。

步骤（2）筛选 SSR 标记引物的方法包括如下步骤：

①利用 RNA-Seq 技术开发文冠果的 SSR 标记序列；

② 采 用 Primer Premier 5.0 软 件 设 计 特 异 引 物：引 物 长 度 （ 20~24 nt ）、3' 端 稳 定 性 （ −37.67~−25.12 kJ ）、引 物 T_m 值 （ 55~60 ℃ ）、GC 含 量 （ 45%~55% ）、引 物 rating 值 大 于 90。以两个不同文冠果种质的 DNA 为模板，进行 PCR 扩增，根据聚丙烯酰胺垂直凝胶电泳结果，筛选出 SSR 标记引物。

步骤（6）嫁接方法为撕皮嵌芽接法。

步骤（9）文冠果丰产高接换冠模式，文冠果的嫁接枝条之间的距离为 0.45~0.81 m，文冠果种质间的 Dice 遗传系数范围为 0.651~0.700。

本技术利用 SSR 标记检测不同文冠果种质间的 Dice 遗传系数，选配出结实率、坐果率和嫁接成活率均较高的 Dice 遗传系数范围为 0.651~0.700，结实率、坐果率和嫁接成活率分别达 68%、50% 和 73% 以上，再以高异交传粉配置格局成功实现文冠果丰产高接换冠模式，为我国大面积的低产文冠果林改造提供了丰产高接换冠的技术基础。

2. 技术效益

（1）本技术的分子识别方法操作简单，易推广扩大使用。

（2）使用本技术方法提供的分子识别方法，筛选出 Dice 遗传系数范围 0.651~0.700 的授粉组合为最佳，异交授粉的结实率、坐果率、嫁接成活率分别达 68%、50% 和 73% 以上，极大地提高了文冠果的结实率和坐果率。

（3）本技术提供文冠果丰产高接换冠模式，为我国大面积改造低产文冠果林提供了丰产高接换冠的技术基础。

（二）技术具体实施方式

下面结合实施实例对本技术做进一步的说明，但这不限制本技术的范围，实施实例以阜蒙和通辽文冠果种质基地的 6 个文冠果品种和 50 个文冠果优良无性系为材料。文冠果品种分别为：文冠 1 号、文冠 2 号、文冠 3 号、文冠 4 号、中淳 1 号和中淳 2 号；优良无性系分别为：FM1、FM2、FM4、FM5、FM6、FM7、FM8、FM10、FM12、FM13、FM14、FM15、FM16、FM17、FM19、FM21、FM22、FM23、FM24、FM25、FM26、FM27、FM28、FM29、FM33、FM36、FM37、FM40、FM41、FM43、FM48、FM50；NaAc 溶液的质量浓度为 3 mg/L，pH 值为 5.2。

1. 选择最佳的文冠果授粉组合的 Dice 遗传系数范围

（1）以 6 个文冠果品种和 50 个文冠果优良无性系为材料，利用改良 CTAB 方法分别提取其 DNA，步骤如下：

①将文冠果叶片 10 g 放入研钵，倒入适量液氮研磨后，移入预先加有 700 mL 2×CTAB 的离心管中，置于 65 ℃水浴处理 45~60 min，离心（4 ℃，1 000 r/min，10 min）得上清液 Ⅰ。

②取步骤①离心管中上清液 1 600 μL 于新离心管中，加入总体积为 600 μL 的酚、氯仿和异戊醇混合液（体积比为 25 : 24 : 1），摇匀后离心（4 ℃，1 000 r/min，10 min），得上清液 Ⅱ。

③取上清液 Ⅱ 550 μL 于新离心管中，加入 500 μL 10×CTAB，摇匀后置于 65 ℃水浴中溶解 2~3 min，再加入总体积为 50 μL 的酚：氯仿：异戊醇混合液（体积比为 25 : 24 : 1），摇匀后离心（4 ℃，1 000 r/min，10 min），得上清液 Ⅲ。

④取上清液 Ⅲ 加入其体积 2 倍的无水乙醇，再加入其体积 1/10 的

NaAc 溶液，静置 2 h 以上，得沉淀。

⑤将步骤④所得沉淀洗涤后烘干，烘干温度为 37 ℃，时间为 8~10 min。

⑥将步骤⑤烘干后的沉淀溶解后常温静置 2 h，即得文冠果 DNA 样品。

（2）以文冠果叶片为材料，以公知任意一种方法提取其 RNA，并采用 RNA-Seq 技术进行 RNA 测序，然后根据序列搜索简单重复序列，共检测到 10 652 个 SSR 标记序列。

（3）采用 Primer Premier 5.0 软件设计特异引物：引物长度（20~24 nt）、3' 端稳定性（–37.67~–25.12 kJ）、引物 T_m 值（55~60 ℃）、GC 含量（45%~55%）、引物 rating 值大于 90。以两个不同文冠果种质的 DNA 为模板，进行 PCR 扩增，根据聚丙烯酰胺垂直凝胶电泳结果，选取能扩增出条带、条带清晰、且有多态性的引物对，共筛选出 32 对 SSR 标记引物，见表 5-4。

表 5-4 文冠果 Dice 遗传距离检测的 32 对 SSR 标记引物

位点名称	引物序列（5'-3'）	退火温度 T_m/℃
XS1	F：TTAGTCGGTTAGGTGTCATCGT； R：TTTTCTTCTGATCACTCTCAGTGG	58.4
XS2	F：GTGTCATGTGTATTGCTCGTCTC； R：TC CTGAATAAGTTGGCTCAAATC	60.2
XS3	F：GCAGGACAAACCATAACAAGTCT； R：CAGAAAAGCTTGGAGCTAAGACA	57.8
XS4	F：AAACTAAGCCAAACTTTCGATCC； R：ATGAAGCAGAAGAAGAAGCAGAC	56.6
XS5	F：CTTGAAGGTTCAATGGGATGA； R：TGGTGTAGGTAAAACAGGTGGTC	56.1
XS7	F：AAACGGATGATGTGGATTCTAAG； R：TCAGACTTCTTCTGGCTITCATC	56.6
XS8	F：AAGGAACCATTTGAAATCTCCAC； R：ATCAC CTTCTGCTGCTGAGACT	56.9
XS9	F：CTCTGACGTATAGTCGAGCCTGT； R：CAGTTGAATACCTTTGGCAACAT	60.7
XS10	F：GAAACCAAGAACTGGTITGAGAT； R：CAGCAGATCATTCACAATGCTAC	58.4
XS13	F：CTCTrGAACCTCCACATTTCTG； R：GCTGAAATGAAGACAAGGAGAGA	60.2
XS14	F：TCTYGCTCCACTGTACTCACAGA； R：TCAATCCTCTGGACTITAACTGC	58.4
XS15	F：TCAGACCCAAACAGATCTCTATCA； R：GAGGAGAAGAGAACGGAGAAGAG	62.0

位点名称	引物序列（5'–3'）	退火温度 T_m/℃
XS20	F：GCTGCTTATCAGCTACCGTGT； R：ATCTACACcAGATCGCTCATCTC	56.6
XS21	F：TGAGAGAGTTTGGACTTGGAGAT； R：CGATTGAATCTGTGATGCTGTAG	56.6
XS22	F：TGAATCAAACAACCAGATITGTG； R：CATTCTCCACATAAACATCAGCA	54.8
XS25	F：C GTGGTGTFGTGTCTATGTGAGT； R：AAATTTCTCTGATTGATTC CTC G	60.2
XS26	F：AACTGTTAATCCAGTCGTTTCCA； R：AATCCACAGTGTCCTTATCGTGT	6.6
XS27	F：TCTGAAATGCAAACCTGCTAGAC； R：CTGAAATTGTGAAGCAATCACTG	58.4
XS28	F：AGACCAATGCCAAACATACTACG； R：GTGTTTAACCCGAAACACAACAG	58.4
XS29	F：CTGTTCTTGACAGTTTGACAACG； R：TGCAACAACCACATCACATCTAT	58.4
XS30	F：GGAGTGACAATGGAGCTGACTAC； R：AAGCACTTCTACAGCCAAACACT	62.0
XS53	F：GTTGATYGTAGCTTCTCATGGCT； R：TGGGTGGGTTATTAGTTGTTGTC	58.4
XS54	F：GCTACAGCTACAGCTACAACAGC； R：TTGTCTATGATTGCGATGAGTG	62.0
XS55	F：ATATrATGTTGGTGGGAATGGTG； R：AGCCAATGGTrGCTAATATCACT	56.6
XS56	F：ATTCATGTAATGGAGAAGCCAGA； R：CCTCCTATATGCTACTGCTGCTG	61.0
XS57	F：GACACCCATTTCTCAAACCAATA； R：TCTCCTGATCTCCAGTGAGATGT	56.6
XS58	F：GTTGCCTTTCAAGTCATCTCTCTC； R：AGCAATGCAAAGCAACAGC	58.4
XS80	F：CCATAATTTACTCCTCCGGACAT； R：GGGTACCCTTCAACGTTGTTAC	60.1

（4）利用步骤（3）筛选出的 32 对 SSR 标记引物分别对步骤（1）提取得到的文冠果 DNA 进行 PCR 扩增，扩增产物利用 8% 聚丙烯酰胺凝胶垂直电泳检测。

（5）以电泳检测结果条带的有无进行计数，有记为"1"，无记为"0"，利用 NTYsys2.0 软件计算 Dice 遗传系数。

（6）将 Dice 遗 传 系 数 分 为 8 个 级 别，分 别 为 0.400~0.450、0.451~0.500、0.501~0.550、0.551~0.600、0.601~0.650、0.651~0.700、0.701~0.750、0.751~0.800。在每个级别内，以两个不同文冠果种质互为授粉树设计 7 个组合，如表 5–5 所示；每个组合采用人工异交授粉处理，每个组合处理 200 朵花。

（7）对不同的授粉处理，分别在人工授粉处理后的第 20 天统计结实率(结实率 = 果实数 / 授粉处理花数 ×100%),第 60 天统计坐果率(坐果率 = 坐果数 / 结实数 ×100%),结果见表 5-5。

表 5-5　不同 Dice 遗传系数组合异交授粉的结实率和坐果率

Dice 遗传系数		授粉组合		结实率	坐果率
级别	数值	母株	异交花粉	/%	/%
0.400~0.450	0.438	FM37	FM31	20.9	8.6
	0.417	FM8	FM29	18.3	5.7
	0.404	FM22	FM36	17.2	4.6
	0.419	FM33	FM12	21.5	5.3
	0.421	FM17	FM28	19.6	8.1
	0.442	FM21	FM18	28.7	11.2
	0.424	FM5	FM7	22.9	9.1
0.451~0.500	0.484	FM50	FM6	32.3	15.8
	0.453	FM1	FM9	38.4	13.2
	0.471	FM33	FM22	31.6	17.1
	0.464	FM27	FM28	39.8	21.5
	0.486	FM41	FM3	29.3	22.4
	0.452	FM40	FM28	34.7	16.3
	0.463	FM29	FM2	21.9	11.4
0.501~0.550	0.513	FM43	FM9	68.4	39.2
	0.547	FM25	FM20	59.5	38.3
	0.524	FM28	FM13	60.3	41.9
	0.532	FM29	FM24	55.9	37.3
	0.517	FM22	FM11	57.3	40.6
	0.528	FM6	FM3	64.8	41.7
	0.503	FM48	FM18	58.3	38.9
0.551~0.600	0.597	FM10	FM27	83.4	51.8
	0.553	FM33	FM3	78.9	49.6
	0.587	FM28	FM12	82.4	58.6
	0.576	FM14	FM17	77.6	50.6
	0.559	FM13	FM22	81.5	60.9
	0.565	FM27	FM43	73.1	48.9
	0.574	FM22	FM4	69.8	47.2
0.601~0.650	0.622	中淳 1 号	FM23	91.5	70.3
	0.631	中淳 2 号	FM6	88.4	68.1
	0.607	FM23	FM19	90.4	66.1
	0.646	FM26	FM37	85.3	64.4
	0.647	FM19	FM26	87.9	65.2
	0.603	FM37	FM7	92.6	69.6
	0.641	FM27	FM38	88.5	63.2

续表

Dice 遗传系数		授粉组合		结实率	坐果率
级别	数值	母株	异交花粉	/%	/%
0.651~0.700	0.681	FM37	FM9	71.6	62.4
	0.653	FM48	FM21	78.9	63.7
	0.675	FM2	FM18	82.3	50.9
	0.666	FM13	FM15	75.2	53.7
	0.653	FM24	FM32	77.9	60.8
	0.679	FM15	FM2	80.1	58.7
	0.664	FM41	FM4	68.7	54.8
0.701~0.750	0.703	文冠 3 号	FM27	41.8	28.7
	0.746	FM4	FM33	42.5	35.1
	0.732	FM28	FM22	39.6	24.6
	0.726	FM21	FM8	49.3	27.2
	0.719	文冠 4 号	FM47	42.1	19.3
	0.747	FM29	FM1	48.2	22.5
	0.724	FM36	FM22	39.7	24.6
0.751~0.800	0.782	文冠 1 号	FM43	13.8	9.7
	0.753	文冠 2 号	FM28	22.4	12.1
	0.774	FM16	FM31	19.6	11.6
	0.766	FM23	FM8	17.2	8.2
	0.768	FM7	FM24	42.1	19.3
	0.787	FM12	FM11	48.2	20.5
	0.794	FM33	FM9	39.7	24.6

（8）根据步骤（6）设计的组合，以低产文冠果（每株产果量小于1 kg）为砧木，见表5-6，采用撕皮嵌芽接进行嫁接，每个组合均是在300个砧木上嫁接300个穗条。

（9）嫁接后的第60天统计嫁接成活率。嫁接成活率的计算公式：嫁接成活率 = 穗条成活数 / 穗条嫁接数，结果见表5-6。由表5-6知，Dice遗传系数范围0.651~0.700的文冠果种质授粉组合为最佳，异交人工授粉的结实率和坐果率分别达68%和50%以上，极大地提高了文冠果的结实率和坐果率。

表 5-6 不同 Dice 遗传系数砧穗组合间的嫁接成活率

Dice 遗传系数		砧穗组合		嫁接成活率
级别	数值	砧木	穗条	/%
0.400~0.450	0.438	FM37	FM31	20.9
	0.417	FM8	FM29	18.3
	0.404	FM22	FM36	17.2
	0.419	FM33	FM12	21.5
	0.421	FM17	FM28	19.6
	0.442	FM21	FM18	28.7
	0.424	FM5	FM7	22.9
0.451~0.500	0.484	FM50	FM6	32.3
	0.453	FM1	FM9	38.4
	0.471	FM33	FM22	31.6
	0.464	FM27	FM28	39.8
	0.486	FM41	FM3	29.3
	0.452	FM40	FM28	34.7
	0.463	FM29	FM2	21.9
0.501~0.550	0.513	FM43	FM9	68.4
	0.547	FM25	FM20	59.5
	0.524	FM28	FM13	60.3
	0.532	FM29	FM24	55.9
	0.517	FM22	FM11	57.3
	0.528	FM6	FM3	64.8
	0.503	FM48	FM18	58.3
0.551~0.600	0.597	FM10	FM27	83.4
	0.553	FM33	FM3	78.9
	0.587	FM28	FM12	82.4
	0.576	FM14	FM17	77.6
	0.559	FM13	FM22	81.5
	0.565	FM27	FM43	73.1
	0.574	FM22	FM4	69.8
0.601~0.650	0.622	中淳 1 号	FM23	91.5
	0.631	中淳 2 号	FM6	88.4
	0.607	FM23	FM19	90.4
	0.646	FM26	FM37	85.3
	0.647	FM19	FM26	87.9
	0.603	FM37	FM7	92.6
	0.641	FM27	FM38	88.5

续表

Dice 遗传系数		砧穗组合		嫁接成活率
级别	数值	砧木	穗条	/%
0.651~0.700	0.681	FM37	FM9	71.6
	0.653	FM48	FM21	78.9
	0.675	FM2	FM18	82.3
	0.666	FM13	FM15	75.2
	0.653	FM24	FM32	77.9
	0.679	FM15	FM2	80.1
	0.664	FM41	FM4	68.7
0.701~0.750	0.703	文冠 3 号	FM27	41.8
	0.746	FM4	FM33	42.5
	0.732	FM28	FM22	39.6
	0.726	FM21	FM8	49.3
	0.719	文冠 4 号	FM47	42.1
	0.747	FM29	FM1	48.2
	0.724	FM36	FM22	39.7
0.751~0.800	0.782	文冠 1 号	FM43	13.8
	0.753	文冠 2 号	FM28	22.4
	0.774	FM16	FM31	19.6
	0.766	FM23	FM8	17.2
	0.768	FM7	FM24	42.1
	0.787	FM12	FM11	48.2
	0.794	FM33	FM9	39.7

由表 5-6 可知,穗条和砧木间 Dice 遗传系数在 0.600~0.800 的砧穗组合的嫁接成活率均较高(>70%),介于 73.10%~86.21%,平均值为 78.85%。

综合考虑授粉组合的配合力与嫁接组合的嫁接亲和力,选择 Dice 遗传系数范围 0.651~0.700 的文冠果为最适宜的嫁接组合。

2. 检测文冠果自然栽培群体交配系统

在文冠果自然栽培群体中,选取 5 个样方,样方大小均在 2 亩以上,果实成熟期,每个样方内随机选取 40 个单株,每个单株距离在 10 m 以上,收集单株果实。每个样方随机选择 30 个单株,对其种子进行混匀,随机选择其中的 25 粒种子用于 DNA 提取。

利用表 5-4 所示 32 对 SSR 标记引物,对 5 个样方内 125 个 DNA 样品进行 PCR 扩增;扩增产物利用 8% 聚丙烯酰胺凝胶垂直电泳检测;以条带有无进行计数,有记为"0",无记为"0"。

利用 MLTR3.2 软件估算文冠果自然栽培群体单位点异交率(t_s)、多样点异交率(t_m)和双亲近交系数(t_s-t_m、亲本近交系数 F 和多位点相关度(r_{pm}),见表 5-7。

表 5-7　文冠果自然栽培群体交配系统

群体	t_m	t_s	t_m-t_s	r_{pm}	F
1	0.987	0.967	0.020	0.053	0.008
2	0.973	0.954	0.019	0.141	0.023
3	0.968	0.957	0.011	0.089	0.017
4	0.969	0.948	0.021	0.067	0.009
5	0.980	0.972	0.008	0.094	0.026

由表 5-7 可知,文冠果自然栽培群体异交率较高,介于 0.968~0.986。5 个文冠果群体的多位点异交率都高于单位点异交率,而且位点亲本相关度比较小,说明群体内不存在近交。同时,各群体单位点相关度与多位点相关度差值较小,表明群体内不存在亚结构。

3. 确定高异交传粉配置格局

在阜新蒙古族自治县文冠果种质基地内,在文冠果盛花期,选取 15 个样方,对传粉者访问不同花的飞行距离进行调查观测,结果如表 5-8 所示,文冠果传粉者访问不同花的飞行距离介于 0.45~0.81 m。因此,在嫁接时,嫁接枝条之间的距离为 0.45~0.81 m。

表 5-8　文冠果传粉者访花飞行距离

野生居群样方	传粉者访问不同花的飞行距离 /m
1	0.73
2	0.68
3	0.72
4	0.64
5	0.81
6	0.63
7	0.45
8	0.68
9	0.81

野生居群样方	传粉者访问不同花的飞行距离 /m
10	0.62
11	0.59
12	0.60
13	0.54
14	0.48
15	0.63

第六章

文冠果修剪与花果管理技术

　　合理的树体结构和调整枝干的生长势力、从属关系,是丰产稳产的必要条件。因此,应及时控制结果部位外移,做到立体结果,增加有效花数,减少落果等。

第一节　修剪的原则与方法

整形与修剪是林木综合管理中一项很重要的技术措施。通过整形与修剪，使枝干构成合理树形，为稳产、丰产方面打下良好的基础。

一、修剪原则与树体结构分析

文冠果的整形和修剪，主要是为了培养与调整果树骨干枝，形成良好的树体结构，担负较高的产量；冠内各类枝条都有充分的生长空间；合理地解决株间和树冠内部光照，是创造旱果、高产、稳产和优质的有力措施。如果过于强调树形，而违背文冠果的生长与发育规律，常可造成修剪过重，导致枝条旺长，幼树成形也慢，不能达到适龄结果的目的。如果忽视整形，则其枝条生长紊乱，光照不好，对于生长与结果也会产生不良影响。

（一）修剪原则

以丰产为目的的果用型文冠果整形修剪是为了平衡树势，改善树冠的通风透光条件，调节树体营养分配，增加结果，达到高产、稳产、优质的目的。

文冠果具有以下特点：

（1）每年春季，去年生枝条上的顶芽萌发抽生 3 个新梢，当年抽生的 3 个新梢形成的顶芽在下一年又分别抽生出 3 个新梢，所以文冠果的新梢是以"一生三，三生九"的方式向树冠外围生长，如果不修剪，枝条数量会越来越多，同时也会变得越来越细弱，导致挂果能力降低，果实产量和质量一定会受到影响。修剪枝条可以减少不必要的营养消耗，使更多的营养集中提供给保留下来的枝条，以提高文冠果种实产量。

（2）文冠果有明显的顶端优势现象，枝条顶端，尤其是直立枝条，吸收树体营养最多,从而影响下方和侧向枝条的生长,而直向生长的枝条通常为徒长枝,不具有挂果结实能力,因此可通过修剪去除顶端优势,调整树体的营养分配,提高文冠果的经济效益。

（3）文冠果的抽梢长叶和开花结果同时进行,会存在争夺营养的问题,所以需要通过修剪来调节生殖生长和营养生长的关系,达到文冠果的丰产稳产目的。

文冠果修剪应以保持树势健壮为依据,按照"因树修剪,疏放结合,保持通透,促进丰产"的原则进行修剪。

（二）树体结构的分析

经济树木的整个树体结构可从树干高度、树冠大小、树冠分层、骨干枝与辅养枝、分枝角度、结果枝组等方面来进行分析。

1. 树干高度

树冠的大小与形成的快慢,将是幼树早果丰产,成年树高产、稳产的基础。而树冠的形状、大小又与树干高度直接有关,在一般情况下,高干则冠径窄,结果面积小,产量也低。反之,低干成形快。冠径大,树体矮,结果早,产量也高。这是因为树木干低矮冠,缩短了地上部分与根系的距离,有利于水分与养分的运输。尤其是风大,冬春气候变化剧烈的地区,更应该采用低干矮冠树形,既有利于减少风害、日灼与地面蒸发,又适宜机械化操作,减少管理费用。至于高干与矮干的选择与应用,要因地、因树种、因品种而宜。在长期林粮间作地区,分枝角度大的树种采用较高干形更为有利。

2. 树冠大小

在林粮间作条件下,如选用树体高大,可以充分利用阳光,立体结果,对提高农业总产与经济林木单产,延长树木寿命都有利。如果树冠大,成形慢,早期光能利用率低,而且叶片、果实、吸收根等的距离加大,枝干增多,有效容积减少,对于林粮产量都有影响。当前在经济林栽培中多采用大树冠,但从发展的趋势来看,应改变这种做法,逐步推行矮化窄冠密植,增加经济林产品的质量和数量。

3. 树冠分层

树冠层性是经济林木生长的特性之一。由于人为修剪的结果,会使层间距离缩短或层次消失,因而一定要注意层次的培养,主枝在中央主干上分为上下若干层。同时在各主枝上以利用副主枝侧面分层,在骨干枝上的枝组也要注意长短结合,层次分明,使树冠上下内外都分层立体结果,增加结果量。

4. 骨干枝与辅养枝

树冠内的枝条,从整形的角度来看,可分为骨干枝和辅养枝两大组成部分。形成树冠骨架的是中心主干。主枝、副主枝等骨干枝,其余的临时性枝,过渡性枝条为辅养枝。

选留主枝的数目为3~7个。在生产上向主枝数量少而结果枝组多的原则发展。因主枝过多,通风透光不良,影响内膛枝条的生长发育,容易使结果部位外移,产量降低。在安排主枝和侧枝上,主枝多的侧枝要少,主枝少的侧枝宜多留。因主枝数量不同时由侧枝来调整,不影响其结果所占有的空间,还使树冠上下层均衡发展。至于骨干枝留多少,应按土壤的肥力来决定。同一品种在肥沃土壤上宜多留,而在瘠薄土壤上要少留,在矮化密植的条件下,可以减少骨干枝的数目和级次,避免全面密封,光照不良的后果。另外,辅养枝在树冠中起辅助中心主干、主枝和侧枝生长,缓和枝势和树势的作用。幼树期间适当多留辅养枝,干径加粗加快,开始结果早;进入结果期后,保留辅养枝,能提高营养水平,增加产量。

5. 分枝角度

主枝与主干的分枝角度对于植株结果早晚,产量高低,影响都很大,是整形的关键之一。分枝角度直接关系到枝条生长势和树势,各级枝条开张角度,应以有利于营养物质分配、控制顶端优势、养分积累与促进花芽形成为原则。生长强旺的树,往往由于干枝角度小,出现延迟结果,易于劈裂和结果部位外移等现象。如果角度过大，会引起抑制主枝、延长枝的生长，影响树冠的扩大，致使侧枝、背后枝生长受到压抑。一般分枝角度以 50°~60° 为宜。

各层主枝的角度通常是第一层主枝角度大于第二、三层主枝与侧枝角度，而第一、二层侧枝的角度应大于主枝角度，第三、四层侧枝的角度也不应小于主枝的角度。为了控制辅养枝，应进行其角度的调整，常采用大角度的方法，削弱其生长势，来达到既辅养骨干枝，又能提早结果的目的。

某些经济林的幼树，常因其分枝角度小，顶端优势明显，妨碍了树冠提早结果，用吊枝、曲枝来加大分枝角度，使营养分配均衡，尽早结果。

6. 结果枝组

良好的结果枝组应是健壮牢固，其营养枝与结果枝之间比例适当。各种类型的结果枝组于树冠内分布均匀，配置适当，圆满紧凑。正确的结果枝组有利于调节局部生长与结果，避免结果部位外移，改善内膛光照，提高树木结果的产量与品质。整枝对于结果枝组的培养和分布影响很大。如果骨干枝少，辅养控制利用较好，主、侧枝角度合适，则有利于培养优良的结果枝组。结果枝组在树冠内的分布应是上疏下密，外疏内密，上大下小。在主枝、侧枝与轴养枝的结果枝组要大、中、小互相交替排开，以利通风透光。根据枝组在骨干枝上的着生位置，可分背上直立枝组、斜两侧枝组、水平枝组与下垂枝组等。通常是以两侧斜生枝组生长健壮，结果良好，容易控制。下垂枝组生长易弱，而背上直立枝组易生长过旺，不易结果，并常与骨干枝及附近其他枝条发生矛盾，如控制不当，常成害枝，控制得当，也可利用，充实空间，增加结果部位，防止或减轻日灼病的发生。

经济林木的年龄不同，结果枝组的利用也不同。生长结果期，以外侧枝组和下垂枝组比较容易结果。衰老更新期则以背上枝组结果较好。总之，结果枝组配置的原则为多而不密，枝枝见光，里外透风，结果正常。

二、文冠果修剪的理论依据

文冠果定植后前三年是整形期，第一年是缓苗期，第二年是恢复期，第三年是旺长期。所以头两年不让幼树结果,修剪时把顶部的混合芽剪掉,不然顶部结果后将延长枝压弯,影响整形速度,第三年可少量结果。根据幼树的树形特点,宁夏回族自治区吴忠市2月下旬,天转暖后开始修剪,萌芽前结束。最佳时期是清明左右,到达结果期的树,要在萌芽前20天结束修剪,有利于顶部混合芽的分化和完善。因为树液流动后,树体储存的养分随着顶端优势,输送到修剪后所留下的顶端枝芽内,可促进雌花芽的坐果能力,提高坐果率。

（一）文冠果生长与结果的关系

文冠果树势的强弱和结果的多少,决定于树的生长状态,要调解好文冠果树的生长关系,抑旺、促弱,达到中度健壮。调整好营养生长与生殖生长的关系、地上与地下的生长平衡,树体生长才能稳定达到丰产的目的。

（二）光照和水分在文冠果生长过程中的作用

光是能源,水是树的血液。营养的转化过程,是土壤中的无机营养被根系吸收,经韧皮组织运送到叶片当中,叶片再从空气中吸收二氧化碳,经过太阳照射进行光合作用,转化成有机营养,供树体生长和开花结果。生产一个果实需要40~50片复叶,修剪时要考虑树体的水路畅通和光照条件调整,调解个体和群体结构。角度是光和水调解的钥匙,角度由小到大,树势由强变弱;角度由大到小,树势由弱变强。用角度来控制树势,调解光照,使更多的叶片接收到阳光,制造更多的营养,供树体生长和结果。

（三）文冠果树的生长优势和地上与地下生长的关系

利用树的垂直优势和顶端优势,调解树的上下和树冠内外平衡关系,因势利导发挥它的作用,促使地上与地下生长达到平衡。在修剪过程中,剪掉的枝条越多,促进树冠恢复势力就越强,所以幼树要轻剪缓放,去弱树要重剪更新复壮。

三、文冠果生长阶段和修剪方式

文冠果分春梢、秋梢生长阶段,也有少量的夏梢发生。春梢对果树前期生长起决定性作用,属于积累型枝条;秋梢是雨季来临后,树体生长过旺长出来的,不利于花芽分化,属于消耗型枝条;夏梢介于两者中间。春梢和夏梢停长后都能形成顶花芽,秋梢不能形成顶花芽开花结果。如何控制减弱秋梢生长势,是整形修剪的任务之一。首先对没结果的幼旺树,减少氮肥的施用量,雨季注意排水,对于长出来的秋梢进行反复摘心,控制长势,避免过多的养分消耗,使树体均衡生长。

文冠果的修剪主要就是短截和疏枝,短截越重,对树体助势越强,短截越轻,对树体助势越弱。修剪对剪口上部有减势作用,对剪口下部有促进作用,只有运用适当才能达到理想的效果。

掌握好修剪的时间,运用恰当的修剪方法,采取合理的修剪步骤,对管理好文冠果树,提高产量与质量,均起重要作用。

（一）冬剪与夏剪的作用

多数林木的整形修剪,往往在休眠期与生长期修剪。实践证明,不同时间的修剪,即使采用同一方法与相同的修剪量进行修剪,而起到的作用与效果则有差别。

冬剪也称休眠期修剪。一般从落叶后的 11 月下旬开始直到第二年发芽前,即于经济林木的休眠期里都可进行修剪。早修剪有利于防止抽条,要求在 3 月上旬树液流动前完成。对一些花芽易冻的树种和品种,可以迟延到 3 月下旬,待冻害程度减轻时再修剪。那些生长旺盛的幼树及易于抽条的树木品种,适宜在 1 月中旬修前完为好,可以节约枝条所消耗的水分。

文冠果休眠后,树干和根系储存了大量的养分,相对来讲,树上与树下的生长是平衡的。这个时期修剪越重,来年春季新梢生长越旺;修剪越轻,生长越弱。

夏剪则相反,因是带叶修剪,剪后不会造成旺长现象。根据树的实际情况和长势确定冬季和夏季的修剪量。对于幼旺树和初结果树,单靠冬剪往往会修剪过重,发枝过旺,形成花芽少,结果晚;夏剪对缓和树势,调解光照非常有利,通过抹芽、摘心、疏枝等手段,再配合冬剪,效果很好。发芽后修剪量越大,对树元气伤得越重,尽量减少叶片的损失,实现止旺、缓势、早成花、早结果。只有掌握树的生长规律和修剪作用,才能达到理想的效果。

（二）文冠果不同树形的修剪方式

通过修剪使文冠果多形成顶芽饱满、粗壮的春梢是丰产的关键。应及时控制直立枝的生长,疏除细弱枝、交错枝、重叠枝、对头枝、平行枝、下垂枝、竞争枝、内膛密生的徒长枝、机械损坏枝等。下垂枝、生长衰弱枝、多年延长的结果枝、焦梢骨干枝等,应视具体情况缩剪,对有空间可培养成枝组的枝条可进行适当短截。

文冠果自然形成的树形有主干疏层形、自然半圆形、自然开心形、三挺身形、多主干丛状形等。

1. 主干疏层形

树体内外建立体结构,在修剪中,层间、大枝间,根据空间大小安排适当的结果枝组,定干高度 70 cm,树高 3~4 m,多为 2 层,第一层 3 个主枝,第二层 2 个主枝,主枝间距 15~20 cm,层间距 50~70 cm,定干后选出 2~3 个主枝,当年选不出 3 个主枝,第二年完成,其余枝条及时抹除,保证中心枝条生长优势,留出层间距 50~70 cm 后,在上边依次培养出第四、第五主枝后落头。优点是枝干高大,空间利用合理,立体结果,单株产量高。缺点是单位面积产量来得慢,整形需要时间长,采摘、打药、修剪不方便。

2. 自然半圆形

适于在土壤瘠薄等的地区或树性开张中央领导枝较弱的品种,这种树形光照好,内膛枝充实,在生产上为常见的三主枝或多主枝自然半圆形,比较丰产。

（1）三主枝半圆形。

主枝与主干成三杈结构,每主枝上留 2~3 个侧枝,此树形因主枝开张角度小，有时一主枝较直立，占据中间及其下方空间，这种树形成形快。

（2）多主枝自然半圆形。

有 5~7 个主枝轮生或交错着生在主干上，无中央领导干，因主枝较多，可酌情选留主枝，防止过多的留大枝而影响小枝的数量，造成内膛空虚。自然半圆形因无明显的中央领导干，各级枝的安排较灵活，因此便于掌握。但应注意保持侧枝的生长优势，以使树势均衡，合理利用空间。

具体修剪为：

幼树当年栽植定干高度 50~70 cm，分三年培养出 5~6 个永久性主枝。

第一年培养出 2 个主枝，选择方位合适，角度开张，健壮新梢，培养成第一和第二主枝，主枝间的上下距离 15 cm 左右，错落着生，注意保持中心枝的生长优势，以便培养出后续主枝。在培养主枝过程中，可保留一部分临时辅养枝，保证树体的总体长势。

第二年继续在中心干上培养 2 个主枝，与下部主枝合理错开，使下边 3 个主枝之间呈 120° 角，第四主枝留在对应的第一主枝与第二主枝之间。

第三年再培养出第五或第六主枝，第五主枝留在第二和第三主枝之间，第六主枝留在第一主枝和第三主枝之间，保证上下主枝间的通风透光条件，第六主枝完成后落头。树体整形结束，逐步去掉多余的辅养枝。

3. 自然开心形

此树形如主枝分布适宜，可充分利用空间，扩大结果面积增加产量，每主枝交错选留 2~3 个侧枝，生长势均匀，结果分布均匀，有利于生长和结果。适于生长直立性较差的品系。

（1）培养主干。

幼树定植后，剪去主干上端，对主干剪口下部附近的侧枝，先剪去 3~4 个，以防与新生枝头产生竞争现象。再顺序而下选取不同方位的侧枝逐个进行短截，凡在同一方位有上下重叠生长的侧枝，则要酌情除去 1 个，并要依树干高度，适当保留一定的枝下高度。而主干下部的各种枝条均要齐基部剪去。待新梢发生后,在主干顶端发生的数个枝条中,要选一个位置好、又健壮的作主干延长枝,保留不剪外,其余新枝则要逐个短截(剪梢),以抑制生长,促进保留新枝的直立生长。

第二年冬剪,方法如上年,只是在主干最下部,要剪去 1~2 个主枝,然后用上端新选留的主枝代替。

（2）定干。

当主干长到一定高度时,可在主干 2 m 处截去主干上部,剪口处要选留 2~4 个向外开张,且互相错落分布的主枝,并剪去主枝先端 1/3,其上还要依次选留侧枝,使各自占有一定空间,互不重叠为原则,同样要进行适度短截。

（3）结果枝修剪。

文冠果 1 年生结果枝的顶芽形成花序,其可孕性花较多。其不同长度的果枝,可孕性花百分率也不同。据报道:16 cm 以上的长果枝,顶芽形成可孕花占 74.3%,6~15 cm 的中果枝占 47.6%,5 cm 以下的短果枝占 19.7%。顶芽在花前 1 个月受损后,侧芽能代替顶芽开花结果;树体上的萌芽条经短截后,剪口下的侧芽也能开花结果。为此,1 年生的长果枝,经短截 1/2~2/3,结实量比不剪的分别提高 71%~88%,这是因为剪口下第一至第三个侧芽,甚至是第四个侧芽也能结果的缘故。但是,试验证明,15 cm 以下的枝条不能短截修剪,应以疏剪为主。

4. 三挺身形

这种树形多在平茬后产生,在根际萌生的枝条中,选留强健的枝条三个,其余全部剪除,以养成挺立优美的树形。

5. 多主干丛状形

文冠果衰老后经平茬可以复壮,平茬时间多在秋末冬初,留茬最好与地面平或低。平茬后选择比较健壮的 2 个以上的壮条,培养成多主干丛状形。放任多年的树,应根据"因树修剪,随树造形"的原则灵活掌握,使其尽快改造形成丰产树体结构。

四、修剪的主要方法

对经济林木的修剪,应根据树种、品种、地方、时间和因技术条件等灵活掌握。

(一)短剪

短剪又叫短截,即剪去枝梢部分。它对枝条的生长可起到局部的刺激作用,以剪口下第一个芽反应最强烈,往下逐渐减弱。它能促使生长而抑制发育。但短剪程度不同,其反应也不一样。按照短剪的强度可分为轻剪、中剪、重剪和极重剪四类。轻短剪是只剪去很少一部分枝条或仅剪去顶芽,最多剪到春秋梢交界处或秋梢瘪芽处,一般剪去枝梢全长的 1/5 左右。冬季多用于幼树辅养枝的轻剪,使生长势缓和,萌芽率提高,增加中、短枝数量,有利结果。在生长季节轻剪,是抑制部分新枝的旺长。在生长前期摘心,可控制枝条的加快生长,尤其于生长后期,促使枝条提前停止生长,加速枝条木质化,以提高抗性;另一种是中短剪,在春梢饱满芽处或饱满芽上二、三芽处剪截,截后形成中长枝较多,成枝率高,生长旺盛,促进枝条生长。至于重短剪则剪去枝梢的 1/2~2/3 为度,一般只用于控制个别强枝,平衡枝势。

(二)缩剪

就是对多年生枝进行短剪,也叫回缩。由于缩剪减少了全树的总生长量,故使全树势受到削弱,缩剪越重其影响也越大。但树木通过这种修剪,能起到控上促下和更新复壮的作用,多用于枝组或骨干更新复壮以及控制树冠辅养枝上。缩剪适度,能促进生长;反之,抑制作用较重。至于生长期截梢,对于旺梢能降低分枝部位,增加分枝级数与分量。多用于幼树整形、枝组培养等方面。

（三）疏剪

疏剪又叫疏枝，即将一年生或多年生枝从基部剪除。疏枝主要用于过密枝、病虫枝、不能利用的徒长枝、下垂枝、重叠枝、轮生枝等。由于疏剪减少了枝条量，使树总生长量减少，减弱树势，对全树有抑制作用。

（四）长放

所谓长放，就是不剪。长放可缓和枝条的生长势，促使弱枝转强，旺枝转强，增加中短枝数量，有利于营养积累，形成花芽。对于背上旺枝，由于长放，枝条增粗明显，往往形成大枝，扰乱树形，妨碍其他枝条的生长结果，因而，一般不长放。对于长势中等的枝条，长放后，易形成中、短枝条，有利结果。对于旺树的旺枝，可采用连续几年长放的办法，见花见果后再回缩短剪。

（五）花前复剪

一些经济果树品种，因冬剪时，花芽有时辨别不清，会造成修剪中的失误，因此在春季花芽开始膨大时，对于留花芽过多的弱树，要适当疏除一部分，对花芽少的果树，应疏去一部分密集的营养枝，多保留花芽。这种在开花前，为了进一步调整生长与结果关系的修剪就称作花前复剪。

（六）摘心

在树木生长期间，摘除枝条顶端的幼嫩部分叫作摘心。摘心能够抑制新梢生长，促进萌芽分枝，减少养分消耗与削弱生长势，利于花芽形成，提高坐果率。

文冠果是具有广阔发展前景的木本能源树种，目前产业发展的主要限制因素即雌雄比例低，产量不理想。解决雄能花的雌蕊败育问题可以有效提高其产量。文冠果雌蕊发育情况与树体、芽的营养状态密切相关。在雌蕊败育前可以通过修剪改变营养和激素的供应和分布，调节生殖生长和营养生长的关系,减少雌蕊败育现象的发生。例如,对文冠果进行摘心可提高叶片可溶性糖和淀粉的含量,从而提供花芽分化的能量。摘心后,近顶的侧花序雌蕊的总糖含量、蔗糖含量和合成酶(如SPS)活性显著高于侧花序,而分解酶(如 SSDD)活性显著低于侧花序,芽营养状态明显好转,雌能花比例可提高到 40%,且粗壮枝条上的雌能花比例明显高于细弱枝条。[1]

凡是各种破伤枝条,以削弱或缓和枝条生长的方法均属此类。如刻伤、环割倒贴皮、拧条、扭枝、拿枝软化等。主要是为了暂时阻碍养分运送,使养分积累在枝芽上。有利于花芽分化、开花坐果、增大果重与产果量,提高品质。生长期间利用破伤以后,削弱或缓和枝条的生长,有利于局部营养物质的积累,促进花芽分化。刻伤对于生长过旺的强树、强枝和花芽分化困难的树种、品种等均有一定效果。环割技术应用较广,对削弱树势,提高坐果率,形成花芽效果都比较好。在辅养枝和临时性枝条被采用后,可以增加早期产量。为了促进花芽分化,可在新梢旺盛生长期内进行环割。环割宽度与枝条粗度、生长势等有关,斜生枝条直径在 10 cm 以下的,环割伤口要求在 20~30 天内愈合良好。不论环割或刻伤,对根系生长在短期内都有一定的抑制作用,要引起注意。对于不太健壮的枝条环割后,必须加强水肥管理,才能获得预期的结果。拧枝、扭枝和拿枝软化等方法,都是控制养分下运,促进花芽分化的有效措施,应按实际情况灵活掌握。

(七)改变生长方向与角度

改变枝条的生长方向与开张角度,是缓和枝条生长势,调整主枝间平衡关系以及树体通风透光条件的一项行之有效的措施。常用的方法有曲枝、盘枝、拉枝、别枝、压平与转主换头等。为了加大开张角,用绳索绑缚于枝条需要开张的支点上,另一端绑在树下木桩上,拉枝的角度应比要求的角度稍大些。经过一个生长季节后,待角度已基本固定可解除绳索。对较小的枝条其开张角可用木棍支撑,枝条过大,木质变硬时,可在枝条基部外侧,用手锯间隔 3~5 cm 锯三条锯口,深达木质部的1/3,然后再进行撑、拉便可。如果枝条的开张角度过大,可采用支枝与

1　王可心,敖妍,张党权,等.文冠果雌蕊败育机理研究进展 [J].植物生理学报,2021,57(8):1617-1624.

吊枝的办法来解决。另外,如果主枝原头的开张角度不合适,可选用背上枝或背下枝代替,以达到开张和抬高主枝角度的目的。如选新头粗度与原头相似,可将原头一次疏除;新头比原头过小,可对原头分年回缩,待新头粗度赶上原头时,再将原头彻底疏除。

有学者研究了文冠果不同角度拉枝处理后叶片中氮、可溶性糖和淀粉含量的变化,拉枝角度为 60° 和 90° 枝条的叶片可溶性糖、淀粉含量和碳氮比都显著高于拉枝角度为 30° 和 45° 枝条($P<0.05$),氮含量则相反($P<0.05$)。但是拉枝角度为 30° 和 45° 的枝条之间,拉枝角度为 60° 和 90° 之间没有显著差异($P>0.05$)。综合分析碳氮含量、成花结果和枝条受损等情况后,选择 60° 为文冠果的最佳拉枝角度,既可有效促进花芽分化、提高产量,又有利于树体稳定长期发展。单刻芽和中短截可以改变内源激素在枝条内的分布,明显削弱顶端优势,使生长促进激素(GA3、IAA、ZT)向枝条下部转移,有效改善文冠果只有顶端结果的现状,提高产量。单位面积留枝量为 18 和 20 的处理坐果率最高,单果重最高,单果内平均种子数最多,单果内平均种子重最大,所以对文冠果来说单位面积应留 18~20 个结果母枝。

总之,上述各种修剪与整形方法,各具特点和应用范围,实际修剪整形过程中往往几个单项同时进行,互相促进。其中某一种修剪,某一枝条的反应,在一定条件下起主导作用,而其他的修剪方法起辅助作用。如骨干枝的培养、枝组的培养与复壮、调节生长与结果的关系以及不同年龄时期的修剪等,都应采用综合技术来进行,其效果更加理想(图6-1、图 6-2)。

图 6-1　没有去顶修剪的坐果

图 6-2　采果后秋剪去顶的坐果（5 芽 5 果）

五、文冠果三个生长时期的修剪

为了达到修剪的作用，提高修剪的功效，就必须按修剪的步骤来进行。在整形修枝时，首先应从冠内到冠外、冠下至冠上全面观察，认真确定大骨干枝、大枝组等是否需要调整，当进行修剪时，可先修剪大枝。对于大枝的修剪一般要分年度、分期进行，但不能削弱树势，影响树木的生长与结果。在大枝完成修剪后，则可在冠外按枝组情况，分出各种枝型，分别根据修剪的目的要求来具体进行修剪。

修剪一般在冬季或早春萌芽前进行。文冠果在幼树时期，萌芽力与发枝力均较强，根颈或根际易发生萌蘖或根蘖。为使主干明显，主枝分布均匀，应按整形要求选留主干和主枝，疏除过密、过多枝。每个主枝留1~4 个侧枝。

侧枝的延长枝，要在饱满芽处短截，以便迅速扩大树冠。对树冠内部较弱的一年生枝，要根据其周围空间大小，疏除或重短截。对果轴二次枝，则留 1~2 个壮枝结果，其余的枝短截，促其发出健壮枝。

树冠内膛衰弱的多年生枝，要注意回缩修剪，使其更新复壮。对已开过花结过果的花轴枝，要从基部剪除。

夏季要对花轴摘心，即当花轴有 6~15 朵花时，摘去不完全花，以减少养分消耗，提高坐果率。

（一）初果期的修剪

以缓控为主,结合抹芽、剪顶等技术手段,促进混合芽的形成(剪顶就是果实成熟期进行,剪破顶芽),促进腋花芽结果,尽量多留壮枝,疏除内膛的枝条、下部的细弱枝、交叉枝、重叠枝,改善通风透光条件,严格控制长出秋梢的徒长枝,可将秋梢部分剪除,剪后再萌发进行抹芽处理,节约营养、平衡树势。

文冠果坐果率低的主要原因是树体无用的细弱枝条过多,细弱枝条的无效叶片和雄花量就多,竞争养分,影响光照条件,造成满树是花,很少结果,这就是人们所说的"千花一果"。修剪从结果初期开始,打好基础,合理布局,调理好结构,改变生长状态,是文冠果修剪的必要手段。

（二）盛果期的修剪

原则是营养生长与生殖生长同步,调整通风透光条件,增加有效叶面积系数,注意枝组的轮流更新。对于结果枝顶部长出来的三叉枝,去弱留强,整体细弱的在多年生处重回缩,调整好结果枝与营养枝的比例,预防大小年的产生;下垂枝要及时回缩抬头。文冠果是旺枝结果,利用修剪手段,促发多生旺枝,才能保证产量。枝组的结果规律是缓放、结果、回缩。培养枝组的修剪手段有两种,一是先缓放、后结果、再回缩,二是先短截、后缓放、再结果。根据树体具体情况,灵活运用,防止结果部位迅速外移。通过修剪控制好树与树之间、枝与枝之间的距离,做到行间通透、枝组紧凑、立体结果。

（三）衰弱树的修剪

重剪更新,促发新枝。文冠果再生能力强,回缩后容易长出强壮枝条,获得新的结果枝组,更新复壮,延长经济结果寿命,过于衰老的树,可进行截干、平茬等措施,等长出新枝后,重新培养树形,继续结果。平茬高度 5~10 cm,截干高度 50~60 cm。平茬截干后注意保护好截断面,用创愈灵涂抹,有利于新枝的发生,及时抹除不需要的萌芽。注意平茬后,萌芽新梢生长非常旺盛,容易被风折断,需要立杆引绑,长到一定高度摘心发分枝,扩大树冠。

第二节 不同树的修剪技术

文冠果整形修枝是为了促进文冠果幼林生长发育和培养树体骨架和结实丰产树形,有效地控制主枝和侧枝空间配置,调节生长和结果的关系,为促进文冠果丰产、稳产奠定基础,最大限度地延长结果年限。通过修剪,可使文冠果树体水分、养分集中供应留下的枝芽,促使局部生长;若修剪过重,对树体又有削弱作用。在进行文冠果整形与修剪之前,应首先了解其枝、芽的特性。

一、枝、芽特性

(一)芽

文冠果树的芽分为顶芽、侧芽和隐芽。

1. 顶芽

文冠果枝条的顶芽属于混合花芽,特别充实饱满且肥大,具有生长优势,除抽生顶生总状花序外,在花序基部抽生4~8个果台新梢,形成当年春梢,成为第二年结果枝,致使树体不易形成中央领导干。

2. 侧芽

文冠果树枝条上的侧芽也是混合花芽,但因受顶芽优势的影响,侧芽小而瘦弱,一般只有靠近顶芽附近的2~3个侧芽,能萌发开花,以下的侧芽多呈潜伏状。侧芽的分枝能力很弱,萌发的侧芽只开花却不能抽生新梢或只抽生簇状的短枝,能抽中或长枝的很少。只有在顶芽遭受机械损伤或水分养分条件很充足的情况下,侧芽可抽枝和孕花结果。

3. 隐芽

只有叶痕的潜伏侧芽,经短截后能萌发。

(二)新梢

文冠果的分枝特性是每年呈三分枝式向树冠外围延伸,逐渐形成大枝紧密,树冠郁闭、内膛空虚,延长枝与骨干枝的距离越来越远,放任生长的分枝逐渐增多,更显细弱,造成花开满树结果不多的现象。通过修剪,控制分枝数量、调节养分,培养强枝,可改善上述现象。

(三)根蘖和潜伏芽

文冠果具有易发生根蘖和潜伏芽受修剪等刺激易萌发的特点。这些特点可用于老枝更新和灌丛状栽培。如潜伏芽萌发形成徒长枝,而这种枝条是一种良好的结果枝,其着生部位可受人工控制,生产上可通过修剪、刻伤的办法促其萌发成枝、用以充实内膛结果。

又如易发生根蘖,在栽培技术上可变乔木经营为灌木经营,通过采取隔年轮流平茬更新的办法,利用根蘖萌条结果,这样既可以合理密植,增加单位面积株数,又能方便管理,从而达到提高产量降低成本的目的。

二、幼树修剪

文冠果幼树的修剪,主要是一个定干和培养有利于结实的树型问题。文冠果不宜按高大乔木培养。按灌木培养,其树体也不宜过高,否则采果困难。因为文冠果枝条脆弱而易折,采果时既不能钩拉,亦不宜用高杆打击,否则造成新梢及其顶芽受伤,因此树体(丛)最终高度应控制在 2.5 m 以内。

定植当年在距地面 50~70 cm 处定干,剪口下 10~20 cm 选留 3~4 壮枝作为主枝,发现根蘖及选留主枝下的萌蘖及时剪除,使养分集中供应所选留的枝条,促其生长。

第 2 年:修剪的任务是培养枝组,调整树形,促进开花。主枝一般作摘心处理,促生侧枝。在主枝上距主干 30~40 cm 处选留侧枝,留 10~20 cm 培养结果枝组,保留 3~4 个萌芽枝。

第 3 年:树体进入结果期,注意结果枝组的培养和更新。采用中短截培养结果枝组,鉴于文冠果以中长果枝结果为主的情况,更新一般采用双枝更新法以保证果实产量的连续稳定。此时的修剪注意控制树体横向生长,防止郁闭,保留二层主枝,二层主枝与一层主枝的距离为 40~50 cm 即可,可选留 2~3 个主枝,一层主枝与二层主枝之间中央干上的分枝要全部剪除。在前一年保留的萌芽枝 30~40 cm 摘心,顶部 10~20 cm 选留 3~4 个萌芽枝。相同的方法构建第 3 层主枝,层间枝全部疏除。

第 4 年:早春,参考第 2 年的措施,继续定枝、抹芽、疏枝、疏序,修剪目的仍然是扩大树冠、塑造树形,这年的关键技术是定枝、疏序(不抹芽的需要)。定枝过程中,要根据空间布局考虑,在上一年形成的三组枝中,根据枝的粗细、长短,考虑如何定枝、短截、去顶。

栽植 5 年后,主要注意疏去过密枝、重叠枝、交叉枝、纤弱枝和病虫枝。增加通风透光,提高产量。对于生长结实不良的大龄树体,采取疏、缩、短截、培养等方法,促进更新。要注意的是,文冠果为顶芽开花结果树种,修剪时切不可见头就剪,要保留足够的芽,无论大树还是小树,该留的顶芽必须留足,保证树体能够结果丰产是关键。

三、对放任生长树的修剪

要根据"因树修剪、随树做形"的原则灵活掌握运用。通过修剪,尽量使放任生长的树冠形成有利于结果的形态,如有牢固的骨架合理的结构和空间利用,以促使幼树早期丰产。文冠果有前一年春梢顶芽结果的习性,所以通过修剪使文冠果形成顶芽饱满而又粗壮的春梢是幼树丰产的关键。修剪时应控制直立枝的生长,并以疏剪为主,疏去细弱枝、交错重叠枝、对头枝、平行枝、下垂枝、机械损伤枝,使养分集中提高结实能力。

对长期管理不善,枝梢连年生长量仅 5~6 cm,结实率低的树,在加强水肥管理的基础上,应采用回缩的办法,促进更新复壮,有利于提高产量。

四、结果树的修剪

结果树修剪的目的是保证丰产的连续性,调节光照。维持树形,对策是统筹考虑树形,重点是结果枝组,基本单元是枝,秋剪是关键措施。

春剪:主要是抹芽。

夏剪:主要是疏序、除萌。

秋剪:在果实采收后立即进行,优点在于,秋剪后,次年不定芽不易萌发,可以减少萌新少消耗营养与增加劳动成本。重点是去顶、疏枝、回缩,保持树形,调节光照,疏去不良枝是这一时期的主要任务。

五、大龄树体的修剪

对生长不良,不结果或结果很少的多年生大树以及树形紊乱、枝干秃裸、内膛空虚,树冠外围小枝密集、顶枝焦梢的老树,应采取疏、缩、短截、培养的方法,使其更新复壮、扭转生长劣势,达到多结果的目的。

(一)疏

可以改善光照条件、减轻树体负担。

1.轮生骨干枝

如放任生长,树势衰弱的树,其轮生骨干枝具有 8 个以上时,应将那些位置不当、无发展前途、抽梢能力衰弱的骨干枝,疏去 2~3 个,但应避免杀伤太多,造成空间过大,从而影响树势。同时采取回缩中、小枝的方法,避免小枝密生。

2.重叠枝和并生枝

如两枝相互重叠、并生、交叉时,则应疏去位置不当、生长较差的枝;若两枝生长相仿,应将其中一枝压缩成辅养枝;若两枝上下重叠,互相碰头,可采取一压、一抬的方法,让出空间。

3. 竞争枝

枝头的延长枝,若两枝的分生角度小,而生长势又很强,发生竞争时,应将位置不当的一枝剪除。

4. 内膛密生徒长枝

内膛徒长枝过多时,应适当疏间,并可利用粗壮的徒长枝结果,第二年留 20~30 cm 短截。

5. 三杈分枝

文冠果树新梢三杈分枝很多,又有较强的顶芽结果习性,疏三杈分枝是调节树体营养,保证产量稳定的重要措施。对一般树应掌握去弱留强;对初结果树应去强、留中庸枝;从数量上应逢三去中间、短截一、留一;或疏去位置不适宜的侧生枝;从位置上看应去直留平;分枝密度大时少留,稀时多留。

(二)回缩

回缩是控制各种枝生长势的方法。

1. 下垂枝

多年下垂枝,生长衰弱,影响树下管理,应于向上生长较强分枝处缩剪,以抬高角度,增强生长势。特别是初结果树因果重枝软,向常风方向倒伏,更应特别注意。

2. 十年生以上大树的多年延长的结果枝

这种枝若放任不管不但结果部位外移,由于果台枝短而纤弱,树势逐渐衰退,凡果台枝不足 5 cm 长而又纤弱的,应自上往下数在第五个年头分枝处进行短截,可以更新复壮。

3.焦梢骨干枝

要着重回缩修剪,从有分枝处进行回缩。

六、低效林的更新复壮

文冠果低效林形成的原因,由于长期疏于树体和土、肥、水的管理,致使文冠果生长缓慢,营养贫乏,结实极少,亩产不足 2 kg。为使这样的林分提高结实量,可以采取平茬、截干、修枝整形、优良品系嫁接改良、整地压青、施肥、浇水等方法更新复壮。

(一)平茬复壮

对于树势差、林相不整齐、缺行断垄、种子产量极低、具有一定面积的低产林地,应进行全面平茬更新复壮,平茬后应将缺失植株全面补植。

方法:当年的 1~3 月,距地面 5~10 cm 处将树干平锯,切面涂漆。当年 5~6 月萌出新枝,选择粗壮、不同方向的新枝,留取 10~15 个,其余萌蘖的新枝全部除去,形成灌丛状林分。

第二年 3 月进行第二次修剪,剪去多余的枝条,85 cm 处回缩新枝。

第三年 3 月继续修剪,去除内堂枝、徒长枝、平行枝、下垂枝、病虫枝。

(二)截干复壮

对于多年未经管理的文冠果母树林,树势差,多数形成了"小老头"树,种子产量低,但具有主干的乔木型的低产林地,可采用截干措施更新复壮。图 6-3 至图 6-5 为翁牛特旗经济林场文冠果低产林分改造。

图 6-3　截干

图 6-4　截干后当年新梢生长情况

图 6-5　截干后第二年新梢坐果情况

方法:当年 1~3 月,选择主干明显、距地面 50~60 cm 处将树干平锯,切面涂漆。5~6 月萌出新枝,选择粗壮、不同方向的新枝,留取 5~6 个,其余萌蘖的新枝全部除去。

第二年 3 月回缩新枝,再萌出新的枝条形成圆形树冠。

第三年 3 月继续修剪,内膛枝、徒长枝、平行枝、下垂枝、病虫枝。

（三）修枝整形

对于树势较好、林相整齐的林分采用修枝整形的办法促进结实。

方法:秋、冬两季进行修枝整形、剪除徒长枝、平行枝、下垂枝、病虫枝、枯死枝、纤弱枝。

（四）优良品系嫁接改良

对于树势较好、林相整齐的林分采用优良品系嫁接改良办法促进结实。5 月中旬,应用优良品系的冬贮接穗,采用插皮接的方法进行嫁接（图 6-6）,改进林分质量,提高产量。

图 6-6　嫁接

第三节　花果管理技术

　　加强花果管理,对提高果实的商品性和价值,增加经济收益,具有重要意义;也是实现优质、丰产和壮树的重要技术环节。花果管理,指直接用于花和果实上的各项技术措施。在生产实践中,既包括生长期中的花、果管理技术,也包括果实采后的商品化处理。

　　文冠果有两种类型的花,分别是单瓣型和重瓣型。这里简要介绍一下单瓣型文冠果雌花和雄花的形态特征。

　　单瓣型文冠果的雌花子房正常,雄蕊退化,花丝短,花粉无活力,败育可能发生在双核花粉粒时期,淀粉粒贮藏不足,绒毡层消失比较晚,花药不能正常开裂(图 6-7)。

雌花 雌花雌雄蕊

花药纵切 子房纵切

图 6-7 单瓣型文冠果雌花的形态特征

单瓣型文冠果雄花的雄蕊正常,花粉可萌发。子房在单核期停止发育,雌蕊组织无淀粉粒,蛋白含量下降。败育珠心细胞壁异常加厚,胞间连丝不明显,阻碍营养物质传递(图 6-8)。

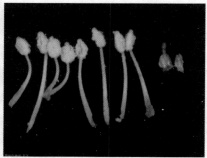

雄花 雄花雌雄蕊

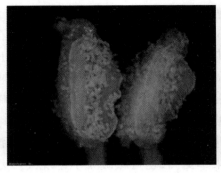
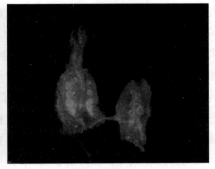

花药纵切　　　　　　　　　　　子房纵切

图 6-8　单瓣型文冠果雄花的形态特征

　　文冠果雄能花多，雌能花少，果实集中在枝梢顶端，初始坐果率高，但落果率高，存在两次落果高峰期，因此，最终坐果率低，为2.2%~6.3%。落果的主要原因可分为遗传因素、花期和初坐果期树体养分供应不足和内源激素 ABA 的急剧增加。为改善这一现象，可以将前文提到的水肥管理和整形修剪结合起来投入生产中以达到提高文冠果种实产量的目的。

　　花性分化调控可以采用花期喷施植物生长调节剂或补充营养等措施。于花性别分化关键期 3 月下旬至 4 月上旬，喷施 150~170 mg/L 范围内 6-BA 可以显著提高顶花序的雌能花比例、坐果率、单个果实重量和种子重量。在文冠果盛花期，分别喷施浓度为 20 mg/kg 的 2,4-二氯苯氧乙酸（2,4-D）和 200 mg/kg 的赤霉素（GA$_3$）能显著地提高坐果率，坐果率分别达到 83.44% 和 84.58%。有学者通过喷施蔗糖和硼的试验表明，花芽初萌期喷施 0.3%~0.5% 的蔗糖溶液可显著提高单个花序雌能花比例和坐果率，与空白对照相比，单花序雌能花量最高可提高20%，坐果率可显著提高 51.5%，盛花期喷施 0.05%~0.30% 硼溶液可显著提高坐果率，喷施 3% 的硼酸溶液对坐果率的提高效果最好，比清水显著高出 47.4%。除了外源补充植物生长调节剂和营养以外，合理的栽培管理措施也能够提高文冠果雌能花比例和种实品质，如疏花、摘心、拉枝和浇水施肥等措施均可提高种子产量。

　　文冠果为雌雄同株异花，雌能花量远远小于雄能花。为避免因花造成养分供不应求，对于开花量大的树，可以在开花前适度疏除雄能花（即雄蕊发育正常，但子房缩小退化的花朵），减少用于雄能花开放的营养消耗，为后续果实生长发育提供更多营养。在开花前14天进行疏花，疏花强度为轻度疏花(疏侧花序1/3)的处理，文冠果的种子重量、种子大小等各个种实性状最好，可认为其是文冠果最适宜的疏花处理。对于单枝挂果较密的，可以在花后1~2周即果实快速膨大前，疏除适当数量的顶花序和侧花序上的果实。疏果应根据"留优去劣"的原则，疏除畸形果、小果、病虫果及弱枝果，留壮枝果，留果量应控制在40~50片复叶养一个果的水平，可使果实负载量达到最佳，树体养分集中运输至保留的果实，从而使当年的坐果率和大果率更高，也可减缓大小年现象。无论疏花或疏果，均应采取在花梗或果梗中间剪断的方法，以保护附近的花序或果实。

为了确保坐果率，疏花工作要做好，疏花时间宜早，不宜晚，主要疏细弱枝和强枝下部的花蕾，文冠果雄花量比例大，疏花是提高坐果率的一项必要措施，不要等花开放后再疏，那样会损失大量的营养，疏掉的花阴干后做茶用。

第四节　人工授粉技术

对果树进行人工授粉可显著提高坐果率和生产效率，例如苹果、猕猴桃等。而且文冠果具有自交不亲和性，因此，采取自然授粉时无法保证授粉效果。文冠果还具有花粉直感现象，不同的父本对同一母本的影响不同，因此，需要选择合适的授粉组合进行人工授粉，才能有效提高坐果率、种子产量，在优良种质资源的推广过程中，进行人工授粉在决定文冠果坐果率、产量和种实品质方面发挥着重要作用。雄能花花蕾初开放和开花当天花粉活力最高，开放后花粉活力急剧下降，因此，需在开花前或开放当天采集花粉进行人工授粉。采集的花粉可选择4℃低温密封短期保存以保持花粉活力。人工授粉有许多方法，传统的方法为点授，即用毛笔蘸取采集的花粉，在柱头轻点，直至能看见明显黄色花粉为止。

一、传统人工授粉

具体授粉方法如下。

1. 雄花及花粉判别

雄花（图6-9）花瓣颜色由最初黄绿色，中间浅红色到最终紫（大）红色，花粉活力最佳即授粉时机为中间时期。

图6-9　雄花花序

2. 两性花及柱头判别

两性花柱头未授粉时为纯白色（图6-10），在放大镜或显微镜下观察，柱头晶莹剔透，有黏液分泌，便于黏住花粉，授粉后柱头由纯白色变为黄色（图6-11）。

3. 套袋

为保证进行交互授粉和混合授粉的雌能花与外界隔绝，开花前一天为花序套袋，由于雌能花的花药不开裂散粉，所以雌能花不去雄。只需识别、去除将要授粉花序上的雄能花和已经开放的雌能花，套袋即可。

图 6-10　授粉前的柱头

图 6-11　授粉后的柱头

4.收集混合花粉

采集每无性系正在散粉的雄能花,带回室内,用解剖针取花药于硫酸纸上,自然干燥 1~2 天后,未散粉花药开裂散出花粉。此时,用硫酸纸折叠形成密闭空间,用力摇晃使花粉与花药分离,展开硫酸纸,将散完粉的花药筛出,将花粉装入西林瓶中,常温保存 1~2 天,授粉前进行花粉活力检测。

5.授粉

每天观察硫酸纸袋中雌能花生长状态,在雌能花柱头分泌大量黏液时进行授粉。授粉时,去掉套袋,用小毛笔将收集的花粉点授在柱头上,点授 2~3 次,明显可以看到柱头上黄色花粉时停止授粉。也可以采集正在散粉的雄能花,除去花瓣,用花药涂抹开花当天的雌能花柱头,直到可以明显看到柱头上黄色的花粉为止。之后继续套袋。避免柱头与所授花粉不亲和导致与其他花粉继续授粉。授粉后,挂牌标记父本、母本和授粉花数,以便调查坐果率。

6.授粉结果观察

授粉后 7 天去掉硫酸纸袋。观察柱头是否有膨大现象,如果有,说明授粉成功。

人工点授成功率高,但操作烦琐费时,需要消耗大量的人力。且文冠果适宜授粉的时期仅为 2~4 天,因此,采取人工点授法无法保证授粉工作及时全面地完成。

在使用花粉时,选择混合花粉,能增加亲和花粉供体的多样性,能一定程度上提高果实的坐果数量,增加果实中种子的数量及单粒种子重量。

二、人工授粉的改进方法

目前有许多授粉的改进方法,这里介绍如下几种。

(一)液体喷雾授粉

把 50 mg 花粉混入 10% 的蔗糖液中,用喷雾器进行液体授粉。蔗糖液可防止花粉在溶液中破裂,为增加花粉活力,可加 0.1% 的硼酸。因混后 2.4 h 花粉便发芽,为此,配好后要在 2 h 内喷完,喷的时间为花朵盛开时为最好。可以极显著地提高文冠果的坐果率,使坐果率由 4.6%

提高到 13.8%。

（二）人工控制授粉

通过人工控制授粉，选用优良品种配置授粉树与嫁接改造，引入授粉昆虫（文冠果毛蚊）等可以实现丰产。通过实验与观察可以找到优良的交配组合，选育优良的授粉树（优良父树）新品种，选育优良母树新品种（图 6-12、图 6-13）。

图 6-12　远源人工控制授粉　　图 6-13　控制授粉坐果（1 序多果比例提高非常大）

（三）引入授粉昆虫（养殖蜜蜂）

养殖蜜蜂对授粉起到一定效果，但因文冠果花无蜜腺，具有局限性。北京林业大学关文彬教授课题组发现的文冠果毛蚊，是非常好的文冠果传粉昆虫（图 6-14、图 6-15），可以人工引入，并保护其繁殖地。

图 6-14 文冠果毛蚊雌性(胸背板、腹部绛红色)

图 6-15 文冠果毛蚊雄性(全身黑色)

第七章

文冠果采收、贮藏与加工技术

文冠果 3 年生开始结果,结果量逐年增多,种子的产量和质量受多种因素影响,不仅与是否优树、林地的土肥水的管理、修剪整形、抚育管理等有密切的关系,而且也与果实的采收和贮藏有直接的关系。如果果实采晚了,果实开裂太大,导致种子掉落,会造成损失;果实采早了,导致掠青,会造成种子的产量和质量均有降低。而且文冠果种仁、种皮、种壳、果壳、叶、花、花序、芽都具有价值非常高的生化成分,适合开发不同的生物基产品。因此,必需合理掌握采收期、采收方法、晾晒和贮藏方面的知识。

第一节　文冠果果实采收

文冠果 3 年生开始结果,结果量逐年增多,种子的产量和质量受多种因素影响,不仅与是否优树、林地的土肥水的管理、修剪整形、抚育管理等有密切的关系,而且也与果实的采收和贮藏有直接的关系。如果果实采晚了,果实开裂太大,导致种子掉落,会造成损失;果实采早了,导致掠青,会造成种子的产量和质量均有降低。因此,必须合理掌握采收期、采收方法、晾晒和贮藏方面的知识。

一、种实采收技术

（一）采收时期和方法

文冠果果实的成熟受纬度、海拔等因素影响,不同地区的果实成熟时间存在一定差别。同一地区不同年份降水量、气温等因素不同,成熟时间可相差 1 周左右。文冠果成熟期集中在 6~8 月,各地果实成熟和采收时间早晚不一。一般来说,纬度高的地区比纬度低的地区的果实成熟时间晚。例如:河南南阳地区、山东东营地区 6 月底果实成熟、北京的果实成熟时间为 7 月初,辽宁朝阳地区的文冠果成熟时间为 7 月下旬,内蒙古赤峰市翁牛特旗在 8 月上旬成熟,陕西省靖边县采收期为 7 月下旬开始,8 月中旬结束,采收量集中在 8 月上旬。新疆由于气候干燥和极大的昼夜温差,使得新疆成为最适合发展文冠果产业的地区,新疆的文冠果通常在每年 7 月中下旬成熟,成熟之后果壳只是微微开裂,种子不会掉出来,且失去生命力的果壳因为极其干燥而不会发霉,导致新疆文冠果的采收期可以长达 7 个多月。

根据果实形态判断文冠果果实宜采收的特征为:果皮由绿色变为黄绿色,由光滑变为粗糙,果实尖端微微开裂,种子由红褐色变为黑褐色或黑色,全树果实 1/3 左右开裂达到此程度,标志果实基本成熟,此时即可进行采收。如果没有及时采收,果实成熟后,果皮开裂,种子散落,地面收集种子费工费力,但是也不宜采收太早,种子的产量和质量均会下降。因此,果实应该随熟随采,严防掠青。在即将到达果实成熟期的时候,可以每隔5天左右随机选择一个果实,剥开果皮观察种子变化情况判断成熟与否。如果所采果实的种子用于来年繁殖,则应待果实完全成熟时采收为宜,切勿掠青,否则降低其种子的出苗率和苗木的质量。作为鲜果利用的,可在种仁内含物变浊、已成半乳状时采收出售,种仁开始发涩不能再采。开发利用油料的种子,需等果皮变黄、种皮变黑,种子完全成熟采收。采收以晴天为宜,下雨或露水未干时不宜采收。采果宜用手摘或枝剪取,尽量不损害树体枝条,严禁用木杆或竹竿敲击、钩枝。文冠果果穗基部着生3~4个当年新梢,每个新梢的顶芽是第2年的雌能花花序,即后来的果穗,是树体开花结果的来源,所以采种时要注意保护新梢,避免机械损伤影响第2年果实产量。结果年份是大年时,果实量较多,对枝条压力较大,注意用支撑、拉、吊等方法保护树体。

（二）采后处理

果实采收后,摊开放置于干燥阴凉通风处晾晒,厚度 ≤ 20 cm,阴干3~7天。阴干过程中要注意通风,需每天翻动2~3次,防止果壳发霉。果壳部分大半干时（实测果壳烘干含水率25%~30%）,用棍轻敲即可,散裂时,便可脱粒。规模较大的文冠果生产基地,一般都采用剥壳机或人工滚压脱粒,将种子与果壳分开,分别处理。

脱去果皮之后,将种子摊开于干燥阴凉通风处,厚度2~3 cm,避免暴晒,实测含水量<11%时,即达到风干标准,可在阳光下晒1~2 h,有利于灭菌。种子除杂利用清选机,利用风选原理进行工作,将轻的果皮碎片、枝段、叶片、空粒、虫果等吹出,将重的土块、沙粒等筛除,取得纯净种子。

脱粒后分离的果壳,去除病斑、发霉、变色的果壳,过筛去除杂质。分选干净的大半干果壳,用切片机切片,切片厚度3.5~4.0 mm。然后,应进行微波雾化杀青干燥,实测烘干含水率<1%为合格,烘干的果壳片用密封袋,加干燥剂装袋密封、入库保存。

（三）种子的分级、包装

1. 种子分级

种子分级简单来说就是把种子按照千粒重或者种子横纵径进行分级。种子分级对于苗木培育来说有重要影响。研究表明种子分级播种的种子萌发率比混播的种子萌发率高。种子分级可以避免早出苗挤压晚出苗，从而影响晚出苗的正常生长现象的发生，可以提高单位面积的产苗量和种子利用率，保证苗木质量。分级指标为净度和生活力，各级种子含水量都应保持在 11% 以下。种子净度是指除杂质以外的种子重量占总种子重量的百分比。种子生活力指的是种子的发芽潜在能力或种胚所具有的生命力，通常用一批种子中具有生命力（即活的、适宜条件下）的种子数占种子总数的百分比表示。

按照《林木种子质量分级》（GB 7908—1999）等级标准，以种子净度（%）、生活力（%）及含水量指标将文冠果种子划分为Ⅰ、Ⅱ、Ⅲ三个等级，其分级标准分别为：Ⅰ级，种子净度不低于 98%，生活力不低于 85%；Ⅱ级，种子净度不低于 95%，生活力不低于 75%；Ⅲ级，种子净度不低于 95%，生活力不低于 60%；各级种子含水量不高于 11%。

如果按照种子横纵径进行分级，可将种子分为三级，直径在 12 mm 以上的为Ⅰ级种子，10~12 mm 的为Ⅱ级种子，小于 10 mm 的为Ⅲ级种子。分级时可以用不同毫米级的筛网过筛，选出种子。种子分级后用麻袋分级装袋、贴标签后放置通风干燥处保存，防止受潮湿。

2. 种子包装

包装材料要符合洁净、无异味、轻便、经济等要求，同时也要满足便于贮藏和运输的要求。文冠果种子含油量高，保存在高氧环境中种子油脂容易氧化，导致种子寿命和品质降低，寿命缩短。因而如果种子需要较长时间保存，应在低氧高二氧化碳环境下保存，可选用密封包装，这种包装能够防潮、隔氧，内部还可充入二氧化碳、氮等气体，使种子含水量保持稳定。包装后要附上标签，注明品种、重量、产地、日期、采集人等信息。作为商品出售的种子可按照质量或粒数包装,工艺流程为:散装仓库输送到加工料箱→称量或计数→装袋→封口→贴标签,然后进行低温储藏。

二、花芽叶的采收技术

修剪过程中,对花序、芽、幼叶进行收集,阴干后是非常好的做茶原料。出售后可以获得修剪的工时费,节约劳动成本。

（一）花、花序的阴干与保存

对于疏序、嫁接等过程中,采集的花序,鲜的展开的花序与未展开花序,分类用筐或箱装好防止揉搓,保持完整的自然形状,采收后,分类置于通风、阴凉、干燥处阴干,对于展开的花序,将花朵、花蕾、部分未展开的花序分剪、分类阴干,每天适度翻动,待全干后用无毒塑料袋分类分装密封保存。

（二）芽、幼叶的阴干与保存

对于抹芽、嫁接、除萌等过程中,注意采集芽、幼叶等,鲜的用筐或箱分类装好,防止揉搓,保持完整的自然形状,采收后,分类置于通风、阴凉、干燥处阴干,每天适度翻动,待全干后用无毒塑料袋分类分装密封保存。

第二节 文冠果果实贮藏

一、种子的贮藏

包装好的种子需要放入干燥通风、隔热防雨防潮的种子库中。若干藏年限为 2 年,贮藏温度应不高于 27 ℃,贮藏期间种子库的含水量应保持在 10% 左右。若干藏年限为 3 年,贮藏温度应不高于 5℃,种子库含水量保持在 10% 左右。定期检查种温变化,避免种实内油脂酸败和裂变,具体贮藏条件按照《林木种子贮藏》(GB/T 10016—88)执行。

种子运输必须有适宜的运输环境条件与保障安全运输的运输工具,避免风吹、雨淋、高温等的侵袭而使种子丧失生命与生活能力。运输过程中不同品种的堆放应科学有序,运输周转过程应有专人负责,防止由于出入库造成混杂。

二、序、花、叶、枝的贮藏

如果采集完整花序,按冷鲜蔬菜工艺及时进行冷鲜包装(加脱氧剂)、储存,还可按冷冻蔬菜工艺进行冷冻加工包装、储存。

序、花采收后及时进行微波雾化杀青 – 干燥,当天采收、当天完成干燥;实测烘干含水率 <1% 为合格,烘干的花序、花用密封袋,加干燥剂、脱氧剂装袋(袋外层避光)密封、入库保存。

下面主要介绍一下采用微波雾化杀青 – 干燥对文冠果壳切片、叶、芽、花序、花等进行初加工。

微波雾化杀青 – 干燥一体化设备整机由不锈钢制造,电器件均采用风冷。微波功率 1 kW,雾化杀青 5~8 kg;雾化杀青温度 80~90 ℃(温度可控)。该设备具有如下优点:

(1)低成本小型化。基于资源端设计,利于物料分布式初加工标准化。

(2)物料免水洗。利用植物自净功能,非阴雨风沙天采收的物料,不用水洗,通过微波雾化灭菌、利用运输振动筛除尘,干品达到无菌、干燥品质。

(3)符合“绿色”工艺。不产生任何污染物,只有少量粉状固废,适合做废料。

(4)可追溯工艺。设备升级为“5G”自动控制,可设定运行参数存储、传输等功能,实现远程技术服务、产品追溯等。

采用微波雾化杀青 – 干燥对文冠果进行初加工的工艺流程如图 7–1 所示。

杀青是指通过高温或者其他方法破坏和钝化物料的氧化酶活性,抑制酚类等的酶促氧化,防止烘干过程中变色。同时,促进良好香气的形成。

微波雾化杀青是指利用微波特有的性质,利用微波的热效应和生物效应,在温度较低条件下(80~90 ℃),形成雾化条件,快速钝化其中的氧化酶活性,使其物料成分完全不因高温而得到破坏,快速高效。

叶、枝采收后及时进行微波雾化杀青－干燥,要求同上。

对于剪下的枝条,剔除干枝、枯枝、病枝,带复叶柄的枝打捆,在通风、遮光、避雨环境下完全阴干,实测含水率<4%为合格。阴干后用专用粉碎机粉碎,加干燥剂、脱氧剂装袋(袋外层避光)密封、入库保存。

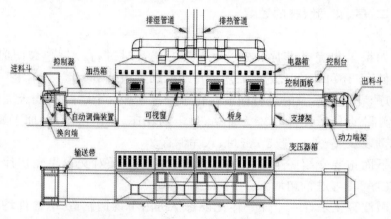

图7-1 微波雾化杀青－干燥对文冠果进行初加工的工艺流程

工艺流程如下:待杀青物料—进料传输(振动筛)—进料能量抑制器—微波杀青箱—冷却段—微波干燥箱($1^{\#}$~$3^{\#}$)—出料能量抑制器—成品。

第三节 文冠果产品加工

宋(高宗)时的《苕溪渔隐丛话》云:"贡士举院,其地本广勇故营也,有文冠花一株,花初开白,次绿次绯次紫,故名文冠花。花枯经年,及其更为举院,花再生。今栏槛当庭,尤为茂盛。"

明朝徐光启著《农政全书》:"文冠花……子中瓤如栗子。味微淡。

又似米面。味甘可食。其花味甜。其叶味苦。救饥采花炸熟。油盐调食。或采叶炸熟。水浸淘去苦味。亦用油盐调食。及摘实取子煮熟食。"

清朝陈淏子《花镜》:"文冠果……去皮而食其仁甚清美。如每日常浇或雨水多,则实成者多,若遇旱年,则实秕小而无成矣。"

文冠果产业化具有如下优势:

（1）特有树种国际市场的独占优势:喜树、南方红豆杉——抗癌原料药主要出口国,特色是以植物药为市场突破口。

在欧美国家,植物提取物及其制品(植物药或食品补充剂)已发展成一个年销售额近 80 亿美元的新兴产业,在国际医药市场,植物药占据了 30% 的市场份额,市场销售额约 270 亿美元。

（2）资源优势:三北地区已计划种植的面积达 110.63 万 hm^2。

（3）政策优势:我国已确立的生物柴油树种中,唯一适合北方大面积种植的生态经济树种。

（4）立地要求低。适合干旱、半干旱区域贫瘠的非农用地以及困难立地(沙地,盐碱地,荒山)发展,也有希望成为三北防护林的替代树种。

（5）可连续采收部位(枝、叶、花、果)均具备产业化前景,但研究最为透彻的是果实(图 7-2)。

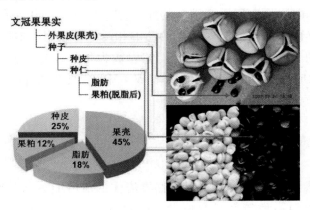

图 7-2　文冠果果实组成

一、高级食用油

文冠果油中含有 93% 的不饱和脂肪酸,可加工成高级食用油。目前可采取低温冷榨法、索氏提取法、超临界 CO_2 萃取法和超声波及微波辅助法提取出文冠果油。

（一）低温冷榨法

通过机械压榨获取文冠果冷榨油,冷榨油得率为 40.44%。工艺流程为:文冠果种子→清洗→烘干→整果破碎→仁壳分离→果仁粉碎、果壳粉碎→配比混合→压榨。

文冠果冷榨油。具体要点为:

（1）清洗和烘干:挑选出有虫害的、干瘪的文冠果种子,用自来水冲洗,去除黏附在表面的杂质,低温烘干或自然晾干。

（2）整果破碎:手工破碎。

（3）混合配比:仁壳比为 9∶1。

（4）压榨:初始压力 10 MPa 左右开始出油,缓慢升压,最终压力保持在（55±2）MPa,维持压力 8 h。

（二）索氏提取法

索氏提取法是应用固液萃取的原理,选用有机溶剂（如石油醚、正己烷、丙酮、异丙醇等）,经过对油料的喷淋和浸泡作用,使油料中的油脂被提取出来的一种方法。最佳提取工艺参数为种仁粒径 2 mm,提取温度 90 ℃,提取时间 10 h,料液比 1∶5（W∶V）,在此条件下平均提取率可达 62.49%。

（三）超临界 CO_2 萃取法

超临界 CO_2 萃取法是利用超临界流体的溶解能力与其密度的关系而实现萃取的一种新型提取技术。试验研究表明,CO_2 超临界萃取文冠果籽油的工艺条件为萃取压力 30 MPa,萃取温度 50 ℃。CO_2 流量 40 L/h,萃取时间 150 min,在此条件下出油率可达 44.56%。

（四）超声波及微波辅助提取法

超声波辅助提取油脂其原理在于空化效应、机械效应及热效应使得细胞内源物质得以释放,因此,超声波可强化萃取分离过程的传质速率和效果,从而提高出油率、缩短提取时间、减少提取过程中的损耗。超声波辅助提取文冠果籽油的最佳工艺条件:石油醚为提取溶剂、超声功率 150 W,提取温度 70 ℃,提取时间 34 min,液料比 7∶1,出油率可达 58.95%。

微波是一种频率位于红外辐射和无线电波之间的电磁波,微波辐射可以加快反应速度、减少催化剂用量,有选择性高、溶剂消耗少、无污染等优点。试验表明微波功率的变化对油脂得率的影响较大,随着功率的增大,提取率也随之增大,微波功率在 300 W 时提取率可达 86.55%,亚油酸为 47.35%,油酸为 27.25%。

二、医药工业与医疗保健

研究发现,文冠果壳苷(Xanthoceraside)不同程度地提高侧脑室注射 AB 所致痴呆小鼠大脑 SOD 活性、减少 MDA 含量、增加 GSH-PX 含量,增加 tGSH 含量,提高 tGSH/GSSG 的比值,提高 CAT 及 T–AOC,从而对抗 Aβ 所致氧化应激损伤;并具有提高神经细胞膜 ATP 酶活性,改善脑能量代谢作用。

阿尔茨海默病为现代社会的常见病和疑难病。据估计,随老龄人口的增加,未来 10 年西方发达国家患者仍将以 9.1%~10.1% 的速度增长,市场份额也仍然是以专利药物为主。在我国,用药市场随着人口老龄化而逐渐扩大。

(1)在美国,阿尔茨海默病已成为继心脏病和癌症之后第三花费昂贵的疾病,美国政府每年投入阿尔茨海默病的社会成本就高达 1 000 亿美元,2010 年全球阿尔茨海默病相关花费达 6 040 亿美元,占全球 GDP 的 1%。

(2)全球七个主要市场的销售规模在整体上从 2009 年的 43 亿美元增加到 2019 年的 133 亿美元。

主要治疗药物可分为乙酰胆碱酯酶抑制剂(他克林:对女性 AD 疗效显著,对肝功能及转氨酶指数有较大影响。维他克林:他克林衍生物,不良反应明显。多奈派齐:占据 60% 市场份额,毒副作用较其他药物低。利斯的明:市场份额增长较快。石杉碱甲:我国自主研发,市场份额下降)及非竞争性 N– 甲基 –D– 天冬氨酸受体拮抗剂(美金刚)两大类。但是这些药物治疗效果有限,并伴发诸多不良反应。文冠果壳苷有望开发出治疗阿尔茨海默病的国家Ⅰ类新药。

《中药大词典》有如下记载:文冠果的木材、枝叶,"性甘、平,无毒,主治风湿性关节炎"。其用法为:"春夏采茎干,去外皮晒干。取木材或鲜枝叶熬膏。木材1~2钱水煎服,每日3次;或每次服膏1钱。亦可涂患处。"

陕西省志丹县特种作物研究所与当地中医合作,从文冠果活体树干中直接抽提树液,用于治疗风湿病,收到很好效果。

蒙药(文冠木,僧登)原料,可治疗风湿、类风湿、疥癣、湿疹等,并有活血作用。

内蒙古乌兰浩特市老中医池松泉先生总结60年行医的经验,对文冠果油和种子的药性药效进行了归纳,他认为:文冠果油性甘、平,无毒,润黄水与血栓。种仁味如栗,益气,润五脏,安神,养血生肌,久服轻健。最显著的作用是通络化栓,可消解血管内的各种栓子;具有非常好的穿透力,能有效引导组方内的其他成分达到病灶;可削减组方内各成分的矛盾,提高整体药效;能缩短疗程,减轻患者负担。他在治疗精神、神经病和心脏病的药方里大量使用文冠果油。

亚油酸具有降低血脂、软化血管、降低血压、促进微循环的作用,可预防或减少心血管病的发病率,特别是对高血压、高血脂、心绞痛、冠心病、动脉粥样硬化、老年性肥胖症等的防治极为有利,能起到防止人体血清胆固醇在血管壁的沉积,有"血管清道夫"的美誉,具有防治动脉粥样硬化及心血管疾病的保健效果。

三、生物柴油

生物柴油是一种可生物降解的、不含硫的、可再生的非石化燃料,还具有闪点高、高润滑性和环保等优点。生物柴油燃烧排放的尾气中含有很少的 SO_x、CO 和悬浮微粒。由文冠果种仁制成的生物柴油符合国外EN14214生物柴油标准和我国 $0^{\#}$ 柴油的标准,因此,具有极大的推广价值和应用前景。

制备生物柴油的步骤如下:

(1)将文冠果种子置于干燥箱内,设置温度为220℃,鼓风机干燥4h,使种子外壳变脆,便于脱壳。

（2）将干燥的种子放入脱壳机中，对种子进行多次的筛选脱壳。

（3）完成脱壳后，将种子放到高温压榨容器中，温度设为 229 ℃，使其蛋白质变性，分离出油。

（4）分离出种仁油后，对其进行过滤、转化、水洗，直至符合国家标准。

（5）在种仁油中加入一定量的无水硫酸钠，搅拌静置后即可得到澄澈透明的生物柴油，可直接运用到内燃机的工作中。

四、茶及饮品

（一）文冠果叶茶

文冠果的树叶含有儿茶素、鞣质、黄酮、文冠果皂苷及 18 种氨基酸等有效生物成分，用于降血脂、血压、减肥及提高人体免疫力等。文冠果花中含有茯苓苷、白蜡树皮苷、七叶苷等营养成分，具有解热安眠、抗痉挛等作用，可以改善睡眠。

制作方法包括以下步骤。

（1）采摘与分类。采摘纯天然文冠果嫩叶，一般在 9∶00 时左右，或 16∶00 时左右。选择叶片大小一致、不带叶柄、无斑点、无病虫害、有光泽的叶片进行采摘。这是制作文冠果叶茶的第一要务。不论是自采还是收购文冠叶都要制定严格的鲜叶分级分类标准，其目的是保证文冠果叶茶生产的一致性，若鲜叶老嫩差异较大，将影响文冠果叶茶的品质。应根据制作的茶类，对采收的单芽、嫩叶、老叶、干湿度等制定统一标准。

（2）摊晾与萎凋。将采摘的文冠果鲜叶摊放在竹筛上，厚度 2 cm，放置于阳光下 20 min，并轻翻动 1~2 次，当顶层叶片失去光泽、水分减少 10% 左右，手捏有弹性时即可。时间与翻动次数依气候而定，如果是雨天则在室内进行。鲜叶开始萎凋，以水分蒸发为主，随着时间的延长，鲜叶水分蒸发到一定程度时，自我分解作用逐渐加强，叶片面积缩小，叶质由硬变软，叶色由鲜绿转变为暗绿，香气也发生变化。为此，在萎凋过程中控制文冠果鲜叶失水量和失水速度，是保证文冠果叶茶质量的关键工序之一。

（3）高温杀青。采用滚筒杀青机，投叶量 10 kg，杀青温度一般为 220~250 ℃，杀青时间为 5~8 min，以高温破坏酶的活性。同时，因杀青时叶片中的水分大量蒸发,使叶质柔软,散发出文冠果叶固有的香味,手捏炒青叶成团,不易松散,有粘手感,杀青叶起锅后趁热揉捻。

(4)揉捻。采用45型揉捻机,投叶量10 kg,将文冠果杀青叶快速放入揉捻机内进行揉捻,采用轻、重、轻的原则,揉捻5~6 min,使叶片卷成条索,破碎叶细胞挤出汁,黏附于叶表面,易于冲泡。揉捻结束后应及时干燥。

(5)干燥造型。干燥造型应根据不同造型而掌握干燥时间,首次干燥温度为100~120 ℃,时间15~30 min,烘干的次数、温度、时间依造型和包揉方法而确定。

(6)包装与储藏。当文冠果叶茶烘干至含水量为10%左右时,要及时进行摊晾1 h,随后立即复火,待含水量烘干至6%~7%时结束干燥。冷却后应选择干燥、避光、阴凉的地方及时包装入库,不能与有异味的产品放在一起,最好在 −3 ℃左右冷藏,这样可以保持文冠果叶茶的新鲜度。

(二)文冠果金花散茶

制作方法包括如下步骤:

(1)选取文冠茶叶为原料,瞬时高温杀青,然后经过渥堆回潮、茶叶揉捻后筛选出破碎的茶末进行发酵,发酵后晾晒或烘干,然后存放氧化6个月以上备用。

(2)称取适宜模具承载的茶叶量,进行茶叶加汁,水分在茶量的20%~40%,炒制熏蒸;将纸盒置入模具内,倒入炒好的文冠茶叶,分散均匀,用木棒顺—逆两向轻杵,用力均匀;装满后取出纸盒包扎,标注制作日期,进烘房发酵生花:将茶包在木架上均匀摆放,温度28~32 ℃,湿度55%~70%,每天将茶包上下翻转一次,一周后停止翻转,发花时间20~23天;发花结束后加温烘干,然后取出烘房储存30天以上,即可制得文冠果金花散茶。

(三)文冠果凉茶

凉茶是一种由多种中草药或一些具有功效的果树叶子熬成的、具有消热功能的饮料,起清热解毒的疗效。文冠果叶中含蛋白

19.8%~23.0%,其中含有 16 种氨基酸、赖氨酸 35 mL/kg,文冠果叶中还含有 10 种活性化学成分、12 种微量元素,并含有杨梅树皮苷 5.53%。这种苷具有显著的杀菌、稳定毛细管、止血、降胆固醇的作用,所以以文冠果果叶浸提液为基料,配以糖、酸等其他辅料加工而成的凉茶饮料对人体的健康十分有益。

工艺流程:

(1)挑拣:挑去大的梗及杂叶,粉碎至 40 目左右。

(2)称重:将挑拣好的果叶按配方要求进行称重。

(3)清洗:将称量好的果叶用清水洗去浮土,时间要短,20~30 s。

(4)沥水:沥去水,以手握不出水为准。

(5)低温浸提:配制文冠果叶重量 20 倍的 VC-Na 溶液,溶液加热至 40~50 ℃时将文冠果叶浸入溶液,浸提 4~6 min,粗滤,浸提液备用。

(6)高温浸提:配制文冠果叶重量 20 倍的 VC-Na 溶液,溶液加热至 85~90 ℃时将低温浸提过的文冠果叶浸入溶液,浸提 4~5 min,粗滤,浸提液备用。

(7)过滤:将两次滤液合并混匀,先用 100 目的分离机粗滤,再用 200 目的精密过滤器进行二级过滤。

(8)调配:该工序中应按产品配方添加有关添加剂(如:香精、代糖剂等)。饮料与添加剂经 5~10 min 的充分搅拌、均匀混合,最终调整产品 pH 值 6~6.5 为宜。

(9)精滤:采用 0.2 μm 耐热精密过滤器实施产品安全过滤。

(10)杀菌:采用高温瞬时灭菌,118~121 ℃,3~4 s 后,饮料应立即通过热交换器降温至 70 ℃。

(11)灌装:采用无菌灌装→封盖→倒瓶→冷却→吹干→瓶灯检。全部灭菌及灌装封盖过程均应处于无菌状态,包装瓶及瓶盖需经过灭菌。

(12)检验:产品进行 7~10 天恒温静置,无变浊、变质,并检验合格者方可贴标装箱入成品库。

(四)文冠果蛋白口服液

文冠果种仁蛋白质含量 22%~30%,脱脂果粕蛋白质 >60%,必需氨基酸含量 >39%;氨基酸评分:优于大豆蛋白与花生蛋白。文冠果种仁含有丰富的营养和皂苷等生理活性物质,对于人体有积极作用。文冠果仁中蛋白质利用率接近酪蛋白,超过经特殊加工的浓缩大豆蛋白和葵籽蛋白。因此,利用文冠果仁压榨油后的油饼或种仁开发蛋白口服液是可行的。文冠果种仁含有重要的芳香成分,使其制成品具有丰富的口感。在设计文冠果蛋白口服液的制备工艺时,应最大限度地保证文冠果种仁中的蛋白质、微量元素和维生素的有效提取。工艺要点:

(1)挑拣:压榨油前应对种仁进行挑拣,应去掉霉变、虫蛀的种仁及杂质。

(2)称重:将挑拣好的种仁按配方要求进行称重,另外再多加上1.0%~1.5%的种仁,弥补在实际加工过程中的损耗。

(3)清洗:将称量好的种仁用清水清洗2~3遍,洗去种仁表面附着的灰尘及种皮等杂质,然后沥水备用。

(4)预处理:配制0.3%的NaOH溶液,溶液量是种仁的3~5倍。将称重好的种仁倒入溶液内搅拌煮沸5 min。

(5)清洗:预处理后的种仁用大量的清水清洗,直至清洗水变清为止。

(6)浸泡:配制0.1%的NaOH溶液,浸泡种仁。浸泡液为种仁重量的3倍。温度40 ℃左右。每6~8 h更换一次浸泡溶液,需更换3~4次。

(7)清洗:用大量的水冲洗2~3遍,水的pH值应为7~8。

(8)配糖配剂:根据每批物料量,按配方要求称取砂糖等辅料。砂糖在化糖锅中煮沸10 min,然后用双联过滤器过滤打入混合调配罐。磨浆配剂和稳定剂用高速搅拌罐搅拌均匀后导入混合调配罐。

(9)磨浆:文冠果仁用胶体磨磨浆,用80 ℃的混合调配液作磨浆水。

(10)调配、加热:在搅拌中,按配方要求精确称取各种配料,热水溶解倒入调配罐,继续搅拌5~10 min,加热升温至80 ℃以上。

(11)均质:将升温后的料液进行均质。要求两次均质,第1遍均质压力要求为20~25 MPa,打入缓冲罐(能加热)中,加热升温至85 ℃以上,进行第2遍均质,均质压力要求为35~40 MPa,打入保温高位罐中。

(12)灌装、封口:定量灌装,封口。灌装温度在60℃以上。

(13)灭菌:灭菌条件为15 min,121℃。

(14)恒温:放在恒温库中(37±1)℃存放7天,检验合格后进行包装。

(15)检验:根据企业标准进行各项指标检验。

（16）包装入库：剔除有质量缺陷的产品后进行装箱，放入合格证封箱入库。

五、动物饲料

文冠果果壳含有大量的粗纤维，油渣中含有较高的蛋白质、粗纤维和微量元素钙、磷，因此可将其应用于牲畜饲料喂养。研究表明，将文冠果果壳应用于羊饲料，可以促进羊的生长，降低饲料生产成本，提高养羊的经济效益，实现资源的综合利用。

一种羊饲料的加工方法：

（1）按照重量百分比在羊的基础精料补充料中添加 12%~20% 的文冠果油渣，其余料为玉米 50%~60%、豆粕 12%~16%、棉粕 8%~10%、食盐 1.0%~1.5%、石粉 1.0%~1.5%、磷酸氢钙 0.8%~1.2%、预混料 0.8%~1.2%，将其搅拌均匀。

（2）将文冠果果壳自然风干或热风烘干，热风烘干的温度控制在 70~80 ℃，之后粉碎，粒度为 40~60 目。

（3）按照重量百分比在羊的粗饲料中添加文冠果果壳 40%~50%，其余料为玉米秸秆或麦菜、干草叶、豆科叶类，占 50%~60%。

（4）取 15%~20% 的基础精料补充料和 80%~85% 粗饲料混合。

六、护肤品

文冠果油中含有多种脂肪酸，主要是亚油酸、油酸和棕榈酸，具有较高的抗氧化性，可作为化妆品的底油或者美白产品，可使皮肤柔软润滑，增强皮肤细胞的营养。文冠果果壳的皂苷，可以制作成香皂，不仅清洁力好，且对肌肤无刺激，同时具备抗氧化的功效。

（1）将文冠果干燥、粉碎至 30 目过筛。

（2）加入乙醇和乙酸乙酯浸没，用微波提取，反应系统在 2 450 MHz 处理 5~10 min。

（3）将上述混合物用超临界 CO_2 设备萃取 3 h，萃取条件：萃取罐中压力为 25 MPa、温度 45~50 ℃条件下萃取，分离罐中压力 3 MPa、温度 25 ℃下分离。

（4）将得到的油脂化合物在 45~50 ℃抽真空，减压蒸馏回收乙醇和乙酸乙酯。

（5）将肌肽和茶多酚溶于蒸馏水，加入 HLB 值 5~6 的单甘酯和 HLB 值 12~15 的非离子型聚氧乙酸单月桂酸酯的二元复合乳化剂，加入番茄红素加热 30~40 ℃，使之完全溶解。

（6）将其缓慢加入萃取好的文冠果油中并快速搅拌，分散成均匀的单相油状液体，用超声波振荡混匀，肌肽、茶多酚和番茄红素在油脂中总含量（质量比）不低于 0.01%，得到功能化的抗氧化生物活性文冠果油。

七、环保建筑油漆

随着人们生活水平的提高，对于油漆安全性的要求越来越高，使用文冠果等植物原料制得的油漆，具有着色力高、遮盖力强、无毒、芬芳气味。且对操作人员基本无危害，可实现清洁生产，减少环境污染，适合规模化生产。

一种文冠果环保建筑油漆的制备方法：

（1）称取一定量的文冠果生物柴油 45~60 份、顺丁烯二酸酐 15~20 份，聚氨酯增稠剂 6~8 份，精油 12~16 份，乳酸 5~8 份放在一个加热搅拌炉内，加热到 40~60 ℃，直至完全溶解，得到溶液 1。

（2）称取一定量的环氧改性有机硅树脂液 10~12 份，对苯二酚 22~44 份，热塑性丙烯酸树脂 11~22 份、植物油性色浆 20~30 份放在另一个加热搅拌炉内，加热到 50~90 ℃进行充分搅拌，得到溶液 2。

（3）将溶液 1 和溶液 2 在常温下混合，加入助剂 2~8 份和黏合剂 4~6 份进行搅拌 25~30 min，得到混合溶液。

（4）倒入湿球磨机球磨 15~30 min 即可。

八、植物绝缘油

飞天梦圆，但是润滑油依赖进口，每吨润滑油折合 16 万元人民币。文冠果油具有极低的凝固点为 −35 ℃，是航空、航天、军工极其优质的润滑油首选。文冠果天然润滑油可以打破国外的垄断，为中国的航空、航天、军工事业加油。

基于文冠果油制作的绝缘油具有氧化稳定性好、黏度低、电气性能优良等优点，可以保证变压器更加稳定地运行。且文冠果为非食用油，可以解决其他种类植物油所存在的与人类争粮争地的弊端。

一种植物绝缘油的制备方法：

（1）制备 49~68 份的文冠果油或者改性油，选择添加剂。

（2）文冠果改性油选自文冠果油的氢化改性油和文冠果的酯交换改性油中的混合物，混合比例为 1：1~1：7。

（3）添加剂选自抗氧化剂和金属钝化剂的一种或两种混合物，金属钝化剂选自甲基苯并三氮唑衍生物、液态三氮唑衍生物、三氮唑环乙烯和噻二唑衍生物的一种或几种混合物。

（4）抗氧化剂选自特丁基对苯二酚、2,6- 二叔丁基对甲酚、丁羟基茴香醚、没食子酸丙酯、茶多酚、抗坏血酸棕榈酸酯、四氢苯丁酮、$\alpha/\beta/\gamma$- 生育酚、IgranoxL109、IgranoxL64、IgranoxL94 的酚抗氧化剂、IgranoxL57 的辛基化 / 丁基化的二苯胺抗氧化剂、4,4- 亚甲基双和葵基 / 苯基 α- 苯胺中的一种或几种混合物。

（5）按照重量百分比选择 49~68 份的文冠果油或者改性油、1~5 份的添加剂和 19~79 份的矿物油即可得到基于文冠果的植物绝缘油。

九、果壳活性炭

文冠果种皮吸附能力强（174.2~178.6 mg/g），可用于制作活性炭，可采用磷酸活化法或者氧化锌活化法。研究表明，氧化锌活化法制备的文冠果种皮活性炭，碘值达到 1 438.05 mg/g，符合国家一级活性炭的碘值标准，亚甲基蓝脱色率达到 96.20%。

文冠果果壳活性炭制备方法：

（1）将文冠果果壳粉碎，高温干燥脱除水分，粉碎过筛，选取 20 目的颗粒，置恒温电热干燥箱中干燥，温度 110 ℃，使文冠果果壳粉碎物的水分含量降至 10%。

（2）进一步粉碎，过筛，选取 120 目的文冠果果壳颗粒。

（3）取质量百分比浓度为 30% 的氧化锌溶液，与粉碎物按固液比质量体积比为 1：1 混合，反复搅拌直至均匀。

（4）置于 150 ℃干燥箱中加热炭化 3 h，后放入电阻炉中将温度调高至 300 ℃，进入活化阶段，果壳活性炭的活化时间控制在 60 min。

（5）将活性炭取出，加清水反复洗涤，使 pH 值为 7，将湿活性炭置于 100 ℃干燥箱中干燥，使含水率降至 10% 以下，并粉碎研磨，过筛后得到成品文冠果果壳颗粒活性炭，装入密封袋内。

十、生物基复合材料

文冠果的果壳成分：纤维素占比 54.60%；半纤维素占比 21.89%；木质素占比 9.40%；总皂苷占比 2.30%；其他占比 11.90%。所以利用文冠果的果壳纤维可以开发生物基复合材料，开发的生物基复合材料具有下列优点：质量轻、强度高、韧性好、表面光洁、不易变形、装配方便。文冠果果壳制备生物基复合材料过程如图 7-3 所示。

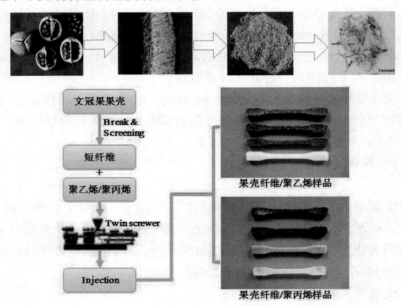

图 7-3　文冠果果壳制备生物基复合材料过程

文冠果果壳纤维开发的生物基复合材料具有下列用途：

（1）可用作建筑材料。天然纤维复合材料在建筑工业中目前已经用作装修和装饰材料、围栏和护栏、门窗型材；正在开发中的用途有百叶窗、壁板和墙板等；将来有可能用作建筑物的屋面板。

（2）汽车内饰。车门内装饰板、司机用杂物箱、货车车厢地板、备胎盖、座位靠背；仪表板、座椅扶手、仪表板杂件箱、后搁物架、车顶内衬、遮阳板、座椅架行李仓装饰板、座椅头枕衬垫等。

（3）天然纤维复合材料还可以用于以下用途：家具、高速公路隔音板、船舶橱柜和隔舱、办公室隔板、储物箱、活动百叶窗。

第八章

文冠果灾害的防治技术

在林木生长发育和整个生产、利用的过程中，常常受到各种病害的威胁，而且有许多病菌和虫害，在适宜的条件下进行繁殖和蔓延，使个别经济树木或整片林木遭到危害，以至于死亡。当前，我国林木病害有1 000余种，林木害虫不下5 600多种，比较常见的病害60多种，害虫170种以上，经济林木占有很大的数量。病虫侵害种子、苗木、树根、树干、树的枝叶等各部位，轻者降低树木生长量、生产量与产品质量，降低经济效益，重者则使大片林木枯死，给经济林的生产带来不可弥补的损失。因此，为了保证林木的健康成长，必须加强对经济林木病虫害的防治工作。

林木病害有传染性和非传染性两大类。由真菌、细菌、病毒、线虫等病原微生物引起的病害，叫传染性病害，是重点防治对象。非传染性病害，则包括冻害、烟害、药害、灼伤等，它们不传染给别的健康树木。发生林木传染性病害者，与树木的生长状况、病原菌数量、周围环境条件，均有密切的关系，应分析病害发生的原因，采取相应的措施，防止或减轻病害的发生和蔓延。

林木害虫的发生与周围环境有关,当环境条件适合于某种害虫生长发育和繁殖时,其数量就会迅速增多,形成灾害的程度也就随之加大。相反,环境不利于害虫生活时,害虫的数量减少,灾害便会减轻或消除。影响害虫数量变化的环境因子,有温度、湿度、降水、光、风、土壤等非生物因子,以及食物、天敌等生物因子。生物因子和非生物因子能单独影响害虫的发生,也能共同影响害虫的发生、发展。因此,可根据环境条件的变化,预测害虫数量上升或下降,决定进行或不进行防治。

病虫害防治是保障经济林木的速生、优质、丰产的重要措施。为此,先要定期到现场调查。病虫害的发生都有一个由少到多,由点到面,由轻到重的发展过程,如果没有及早发现掌握病虫害,等到病、虫成灾,再设法抢救,往往会措手不及,若仓促上阵,也收不到应有的效果。因此,要在病虫出现的季节,一般在3~9月,定期到林内调查观察各种异常情况,如树木的颜色正常与否,落叶有没有提前,枝梢的枯黄、萎缩,叶片的被蛀或出现斑点、卷缩,枝干孔洞、肿大等发生、发展的程度等,来分析与判断树木是否发生了病虫害,发生了哪些病虫,然后对症下药,采取切实可行的防治措施。其次,还可开展联防联治。无论病菌还是害虫,常常会从一个地方蔓延到另一些地方,有时其扩展的速度很快。如果这里治而那里不治,邻近的病虫害还会蔓延过来,造成前功尽弃。所以病虫害的防治一定要统一规划,确定时间,联合行动。在共同防治过程中,一定要防止漏洞,注意消灭死角,才能有效地控制住病虫的危害。在病虫害发生前,应多注意调查、观察,做好预防工作;通过栽种、经营、抚育、修剪等技术措施,使林木生长健壮,增强抗御病虫害的能力;采用良种与壮苗,适地适树,经济树种合理混交营造;对益鸟、益虫积极进行保护或引进等,是行之有效的办法。防治病虫害,要及时采取有效的手段,特别是要合理施用农药,选择适当的药剂种类、浓度与用量,求得最低消耗,达到最好的防治效果。

大面积推广种植文冠果林必须慎重对待病虫害防治的问题。目前,在甘肃省种植的文冠果人工纯林病虫害发生比较严重,林龄越大,栽植越集中,管理越粗放,病虫害发生越严重。研究发现,我国北方种植的文冠果常见的病虫害有茎腐病、根结线虫病、黑斑病、沙枣木虱、锈壁虱、刺蛾、黑绒金龟子等并进行了相应防治技术的研究。尽管如此,大面积推广种植文冠果可能面临的病虫害风险还未进行科学论证。

在大面积种植文冠果的同时应加大对病虫害防治的科研投入,通过科学论证与规划,通过合理配置树种结构、科学设置种植模式、及时抚育并加强病虫害防治技术,避免文冠果林成片种植后可能产生的病虫害大面积暴发的风险。

第一节　主要病害及其防治

一、文冠果卷叶病

（一）危害症状

嫩枝、叶片、芽和果实均能受害，尤其嫩叶及果实受害较重。病叶表面初生褪绿小斑，叶缘向下卷曲，后在叶缘和叶背上出现许多赤褐色小锈斑，略膨胀成瘤状。锈壁虱大部潜伏在叶背上为害。严重时，叶片和幼芽不能展开，细小狭长如线状，并枯焦。嫩枝被害时，叶片多为纤细瘦长。幼芽不能抽展。果实受害果面生灰褐色锈斑，数锈斑可连成一片，病斑稍凹陷，上有针头大的小瘤。

（二）发生规律

卷叶病是由锈壁虱寄生所致。一年发生 10~12 代。以成虫在芽鳞片内越冬，第二年 5 月中旬开始活动为害，6 月中旬进入盛发期，6 月至 8 月如遇高温干旱，发生最多。锈壁虱大量产卵于嫩叶背面、果实及新梢上，卵经 5 天孵化。若虫和成虫附在嫩叶背面、果实和嫩芽上，吸食汁液反复为害。树冠外围和上部的嫩枝叶、果实及树势衰弱的植株，发病多而重。

（三）防治方法

（1）摘除病枝叶收集烧毁。
（2）发芽前喷布 1 度石灰硫黄合剂，发病期间喷布 0.3 度石灰硫黄合剂 1~2 次。

二、文冠果叶斑病

该病又叫黑斑病。在雨水较多的年份,土壤肥力较好的条件下生长较旺盛的幼林易见此病。此病为黑斑病菌所引起,而且容易为木虱危害的后遗病,因为木虱危害的结果,在树体各部分留下含糖量较多的黏液,这正是黑斑菌寄生的适宜条件。

(一)危害症状

该病主要危害叶片。病叶面或叶缘上初生褐色小斑,后逐渐扩大成近圆形或不正形淡褐色斑,病斑周缘深褐色,有时数病斑可连成大斑,病斑背面边缘生灰黑色霉层。严重时,病叶尖或叶缘变黄枯焦,病叶早期落叶。

(二)发生规律

在雨水较多的年份,幼林中常见此病。地势低洼区域、枝叶密集、树体衰弱的树木发病严重。常由真菌引起,病菌在病叶上越冬,翌年5月下旬开始发病。

(三)防治方法

(1)合理密植,注意通风透气;适时灌溉,雨后及时排水,防止湿气滞留,通风透光。

(2)科学施肥,增施磷钾肥,提高植株抗病力。

(3)重视预防,每年6月黑斑病发生之前或者刚发病时,对准树体喷施适宜的杀菌剂。暴发后可采取化学药剂防治,喷施0.8%的硫酸亚铁溶液,药剂浓度不宜过高,以防发生药害,可以在喷药0.5 h之后喷清水,洗去残留于叶面上的药液。

三、根腐线虫病

（一）危害症状

根腐线虫病又称黄化病,苗木和幼树较易患病。文冠果苗木患病后叶片逐渐变黄,地上部分萎缩,生长停止,最终枯黄死去。幼树患病后的症状是叶片几近完全黄化,很快失水干枯死亡,但枯叶长期不落,病苗根部可见韧皮部和皮层组织由白色变为水渍状黄色,腐烂并可嗅到臭味。

（二）致病原因

一般认为,发病原因是幼苗出土后,受到土壤及残根中的线虫侵染所致。在重茬、土壤密实黏重和灌水过多的阴湿条件下。幼苗发病较重。在夏季多雨、圃地积水和土壤湿度显著增高的条件下,成林植株亦可发病。该病是由线虫寄生根颈部位引起的。

（三）防治方法

（1）播种不宜过深,苗期注意加强中耕、除草、松土,播后及时灌足底水,以减少春灌次数,防止致病线虫借水传播。

（2）雨季来临时务必做好排涝工作,避免出现积水现象。

（3）发现病株立即拔除,并做焚烧处理。

（4）提倡换茬轮作制,不得不重茬时,也要设法采用抗重茬的生物制剂（如"重茬护士""绿源重茬1号"等）做同步预防性处理。

（5）秋冬季节对育苗地实施翻土晾茬,可减少病害发生。

（6）发现有根结线虫病株出现时,选用"克线磷"或"克线丹"颗粒剂,每亩用药量3~5 kg,或用"毒丝本乳油"800倍液喷洒处理根际土壤,杀灭根结线虫,或用"线无影"兑水稀释后防治。遇有并发缺铁性黄化病时,可通过施用"硫黄粉"或改用"硫酸亚铁"（"螯合铁"）水溶液开沟灌注土壤来防治。

四、茎腐病

（一）危害症状

文冠果茎腐病是由镰刀菌和轮枝孢菌等真菌在苗木或树干基部破损处，感染、侵害，造成干枯死亡，影响树体的营养传送，如果侵染树干一周，树的上部就会死亡。

（二）防治方法

（1）育苗地块防止重茬，发现有病地块，拔出病株，用杀菌剂进行土壤消毒，不要把病苗带入园区定植。

（2）建园时苗木定植不要过深，减少树干的人为损伤，发现伤口，及时用创愈灵涂抹。

（3）加强田间土壤管理，疏松土壤，增施有机肥，防止雨后积涝，提高树体抗病能力。

（4）药剂防治，发病后用溃腐灵原液涂抹，同时用福美双500倍液或恶霜灵800倍液树干下土壤处理。

五、煤污病

（一）危害症状

煤污病主要因木虱的若虫含有大量糖分的排泄物，滴落在叶面和枝干上污染而产生，发病初期在叶面、枝梢上出现黑色小霉斑，后逐渐扩大，严重时全树炭黑色，影响叶的光合作用，使树体不能进行正常的生理代谢，经过病菌的侵害，造成枝干枯死。

（二）防治方法

（1）防治文冠果木虱、蚜虫等具刺吸式口器的害虫，减少其危害的程度。

（2）加强文冠果林的抚育管理，林分应保持适宜的密度，通风透光。

（3）选用多菌灵 800 倍液（图 8-1、图 8-2），连续喷 2~3 次，间隔时间为 7~10 天，早春喷洒 50% 乐果乳油 2 000 倍液。

图 8-1　多菌灵（200g/ 袋）

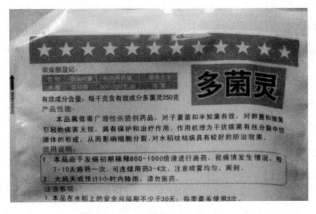

图 8-2　多菌灵可湿性粉剂说明书

六、立枯病

（一）危害症状

立枯病是文冠果苗期病害，根据苗木受侵染的时期不同，症状可分为种腐型、茎腐型、幼苗猝倒型和苗木立枯型4类。

种腐型：多发生于文冠果播种后出苗前，常因肥料未充分发酵、种子催芽过头、播种覆土过厚引发。

茎腐型：幼苗在出土期受病菌侵染，导致茎叶腐烂。

幼苗猝倒型：多发生于幼苗出土后1个月内，嫩茎尚未木质化，病菌自根茎处侵入，呈水渍状腐烂，病苗迅速倒伏。

苗木立枯型：苗木茎部木质化后，病菌由根部侵入，引起根部皮层变色腐烂，造成苗木枯死而不倒伏，也称为根腐型立枯病。

（二）防治方法

主要采取以改进育苗技术措施和减少土壤中病原菌数量为主的措施。播种前，尽量避免用连作地，精耕细整，以免积水或板结；肥料以有机肥为主，且必须充分腐熟；同时，应选质量好的种子，适时播种。播种时适当覆土。注意排水防涝，发现病株立即拔除，并带出圃外，以减少传染源。可在播前施70%五氯硝基苯粉剂，或用赛力散拌种进行预防，用药量为种子质量的0.2%或采用75%百菌清可湿性粉剂600倍液喷雾，5%井冈霉素水剂1 500倍液喷雾，20%甲基立枯磷乳油1 200倍液喷雾。

第二节　主要虫害及其防治

文冠果的成年植株不易遭受病虫危害，抗病虫能力较强。但是，文冠果苗木和幼龄植株，尤其是栽植于比较肥沃土壤的幼树，生长比较旺盛，也比较容易遭受病虫的危害。根据过去的观察和试验，危害文冠果的病虫的种类及其防治方法，现分别介绍如下。

一、木虱

木虱以成虫和若虫为害嫩枝、叶片和果实。若虫尾端能分泌黏液，滴落在枝叶上,易引起黑霉病,严重时使枝叶变成炭黑色,影响树体发育。

（一）形态特征

成虫体小而略扁,体长 2.5 mm,翅展 5~6 mm,初羽化时灰白色,逐渐变为青灰色,有翅 2 对,善跳跃。若虫与成虫相似,淡绿色,翅芽突出于体外,常分泌蜡质物覆于体上。

（二）生活习性

一年发生 4~5 代。以成虫在树皮缝隙、落叶或杂草中越冬,第二年春文冠果萌芽时,越冬成虫开始出现,开始交尾产卵,卵散产在萌动芽苞鳞片上和嫩叶背面、叶脉两侧。若虫孵化后喜群居于背光处,多在卷叶中及两叶片之间为害,易发生煤污病,使树体成炭黑色。以 7 月下旬至 8 月上旬最重。

（三）防治方法

（1）加强田间管理。培养枝不要离地面过低,改善通风透光条件,创造一个不利于木虱发生的环境,抑制或减轻虫害发生。

（2）保护和利用天敌昆虫。文冠果木虱的捕食性天敌有异色瓢虫、七星瓢虫、大草蛉、中华草蛉、三突花蛛等,它们能捕食木虱的成虫、若虫和卵,观察田间天敌和害虫的比例,如果天敌比例多,害虫危害不严重,就不需打药。异色瓢虫除捕食木虱成虫外,还捕食木虱的卵和若虫。保护和利用这些天敌昆虫,可有效控制木虱的数量。

（3）早春（3 月底前）和冬季采集有越冬成虫的翘裂树皮,集中烧毁并刷涂白剂保护树干。

（4）越冬前 10 月下旬至 11 月初,刮除主干粗裂皮,使用 80% 敌敌畏乳油和马拉硫磷 200 倍液涂干,毒杀效果明显。5 月中下旬林内第 1 代若虫盛发期,使用 80% 敌敌畏乳油、40% 乐果乳油、20% 氧化乐果、50% 马拉硫磷 1 000 倍液喷洒树冠,杀虫效果可达 97% 以上。8 月中旬,林内第 3 代若虫盛发期,可选择树体高、郁闭度大、虫口密度大的栽植区集中施药,以消灭虫源地。可以使用 80% 敌敌畏乳油、40% 乐果乳油

20% 氧化乐果、50% 马拉硫磷 1 000 倍液喷洒树冠，杀虫效果可达 90% 以上。

（5）可选择吡虫啉、苦参碱、溴氰菊酯等进行喷雾。防治的最佳时间一般是早春时，每隔 1 周左右喷 1 次，连喷 3 次即可取得很好的效果。

二、根螨

根螨属于粉螨目粉螨科，主要为害文冠果的根部。被害植株叶片变黄，根部腐烂，根部皮层有很多微小的白色粒状圆虫，与患根腐线虫病的植株症状相似。受害严重时，全树枯死。

（一）形态特征

成虫体圆形，白色，体长约 0.6 mm，有足 4 对。若虫与成虫相似。初孵化的幼螨有足 3 对，脱皮后若虫期有足 4 对。

（二）生活习性

多在土壤干燥时发生。当地上部的叶片变黄时，检查根部皮层下，可见有根螨活动，被害根腐烂。在土壤湿度较大的情况下，不利于根螨的繁殖、蔓延。

（三）防治方法

发现受害植株，先将根际处土壤翻松，然后灌注 500 倍液的乐果乳剂或 2~3 度的石灰硫黄合剂毒杀根螨。

三、黑绒鳃金龟

该虫别名黑绒金龟子、天鹅绒金龟子、东方金龟子。黑绒鳃金龟食性杂，可食 100 多种植物。在树木上主要以成虫为害，喜欢啃食文冠果刚抽出的嫩芽，造成幼苗、幼树不能正常展叶，严重影响树木发育。黑绒鳃金龟广泛分布于我国各地，在朝鲜、日本、俄罗斯等国也有分布。

（一）形态特征

成虫体长 0.8~1.0 cm，宽 0.5~0.6 cm，身为黑褐色，喜欢啃食嫩芽部分，一般 5 月上旬无风的傍晚危害严重。

（二）生活习性

黑绒鳃金龟是鞘翅目鳃金龟科害虫，每年发生 1 代，成虫或幼虫在土中越冬。4 月中、下旬至 5 月初，上旬平均气温 5 ℃左右，越冬成虫开始出土。先取食发芽较早的杂草，后取食树木嫩芽幼叶。5 月下旬到 6 月上旬产、卵，6 月中旬出现初孵幼虫，幼虫一般为害不大，仅取食一些植物的根和土壤中腐殖质。8~9 月间，3 龄老熟幼虫作土室化蛹，蛹期 10 天左右，羽化出来的成虫不再出土而进入越冬状态。

（三）防治方法

（1）在傍晚，利用黑绒金龟子的假死性，轻摇文冠果树体，致使其纷纷落到地上，人工捕杀即可。也可在成虫盛期，在林间安装频振式杀虫灯进行诱杀。

（2）可在 4~9 月喷施 2.5% 敌杀死或 5% 来福灵乳油 3 000 倍液，或 4.5% 瓢甲敌（氰戊菊酯类或氯氰聚酯类）乳油 1 500 倍液防治成虫，或者在下午成虫活动前，用 2.5% 敌杀死乳油 1 500 倍液浸泡饵木诱杀。

（3）用 55% 甲拌磷原液 15 瓶 /hm² 或 40% 二嗪农乳油 9 kg/hm² 制成毒土，在幼苗即将出土时均匀撒于育苗地，可有效防治黑绒鳃金龟。

四、刺蛾

刺蛾是中国北方常见的害虫，以啃食树叶为生。被啃食的树叶只剩下叶脉，丧失光合作用能力，严重影响树木生长。

（一）生活习性

一年两代，1代幼虫危害期为6月下旬至7月下旬，2代幼虫危害期为8月下旬至9月下旬。该虫产卵在叶片上，孵化后群居在叶片背面，幼虫低龄时取食叶肉，叶片啃食后呈网状，大龄时叶片被食用后出现缺刻，叶片上只留下叶柄、叶脉，无法进行光合作用，虫害严重发生时可造成发病树木的叶片全部被吃光，造成树木无法进行营养代谢，最终枯萎死亡。

（二）防治方法

（1）人工剪除树体上的硬茧或集中在叶片上危害的低龄幼虫，消灭幼虫和蛹。

（2）低龄幼虫期喷洒20%除虫脲10 000倍液防治，也可喷施抑太保乳油、阿维菌素等药剂。

（3）幼虫分散危害期，喷洒1 000倍液1.2%烟参碱或者其他触杀剂。

（4）在林间大量发生时，可喷施苏云金杆菌制剂等。

（5）在成虫期利用成虫的趋光性可在林间悬挂黑光灯诱杀。

五、根结线虫

苗木患病后叶片逐渐变黄，地上部分萎缩，生长停止，最终枯黄死去。其防治主要有以下方法：

（1）冬季松土晒根，深挖病株树盘下根系附近土壤，剪除受根结线虫病危害的根系，并将病根及时清出果园，集中烧毁。

（2）在树盘内每隔20~30 cm开一穴，将10%二溴氯丙烷颗粒剂按每株200 g或3%氯唑磷颗粒按每株200 g，或10%硫线磷颗粒剂按每株200 g用药量，施于15~20 cm的深处，施药后及时灌水覆土；或用0.5%阿维菌素颗粒剂按75 kg/hm^{2}均匀施用于挖开的沟中，覆土踏实；或用99%氯化苦原液按75 kg/hm^{2}用药量处理土壤。

六、蚜虫

蚜虫是半翅目蚜总科昆虫的统称,主要以成虫和若虫聚集在叶背及嫩茎吸食汁液危害,症状为:初期树叶打卷,严重时使全树树叶枯萎。常分泌蜜露,滴落在枝干上可诱发煤污病。其防治主要有以下方法:

(1)人工防治可在秋、冬季在树干基部刷白,防止蚜虫产卵;结合修剪,剪除被害枝梢、残花,集中烧毁,降低越冬虫口;冬季刮除或刷除树皮上密集越冬的卵块,及时清理残枝落叶,减少越冬虫卵。

(2)采用控蚜信息素黄板。

(3)可采用 1∶1.5 比例配制烟叶水,泡至 4 h 后喷洒;或用 1∶4∶400 的比例,配制洗衣粉、尿素、水的溶液喷洒。

(4)每亩用 0.5% 苦参碱水剂 30~50 mL,加水 30~50 kg 进行喷雾;或 20% 的啶虫脒(西安瑞邦)1 800~2 000 倍液喷雾。

(5)用 50% 马拉松乳剂 1 000 倍液,或 50% 杀螟松乳剂 1 000 倍液,或 50% 抗蚜威可湿性粉剂 3 000 倍液,或 2.5% 溴氰菊酯乳剂 3 000 倍液,或 2.5% 灭扫利乳剂 3 000 倍液,或 40% 吡虫啉水溶剂 1 500~2 000 倍液等。喷洒植株 1~2 次。

七、地老虎

地老虎为鳞翅目夜蛾科害虫,主要有小地老虎、黄地老虎、大地老虎,主要以幼虫危害幼苗,常将幼苗近地面的茎部咬断,使整株死亡,造成缺苗断条。其防治主要有以下方法:

(1)人工捕杀:4 月中下旬,清晨在被害植株周围,找到潜伏幼虫,每天捕捉,坚持 10~15 天。

(2)诱杀:在 4 月下旬 5 月上旬,用糖 6 份、醋 3 份、白酒 1 份、水 10 份调匀制成糖醋液诱杀,或者直接利用黑光灯诱杀。此外,也可以用油炒麦麸皮加敌百虫(500 g 麦麸皮加 20 片碾成粉末的敌百虫),捏成 5~10 g 的小堆置放在畦内进行诱杀,一般每公顷施放 3.75 kg,也可根据虫量大小调节施放量。

八、咖啡木蠹蛾

咖啡木蠹蛾又称咖啡豹盘蛾,属鳞翅目木蠹蛾科。1年发生1~2代。以老熟幼虫在被害部越冬,翌年春季转蛀新茎。5月上旬开始化蛹,5月下旬羽化,羽化后1~2天内交尾产卵。7月上旬至8月上旬是幼虫危害期,幼虫钻蛀茎枝内取食危害,致使枝叶枯萎,甚至全株枯死。其防治主要有以下方法:

(1)物理防治可在夜间利用趋光性诱捕。

(2)春末夏初幼虫危害时,剪下受害枝条烧毁。

(3)6月上中旬幼虫孵化期,喷50%杀螟松1 000倍液,或喷25%园科3号300~400倍液,隔7天喷1次,连喷2~3次即可。也可用吡虫啉等内吸式药物进行干根基部注射防治。

第三节　鼠害和兔害及其防治

一、鼠害

(一)鼠对文冠果林的危害

近年来,农田鼠害日益猖獗。据统计,鼠害造成的全国经济林经济损失达亿元。出没于经济林树种的害鼠种类很多,分布很广。树木的受害器官、受害状况因鼠种及所在地区不同,而表现不同。在北方各地,主要种类是鼢鼠和鼠兔等。前者有中华鼢鼠、东北鼢鼠、陕西鼢鼠。鼢鼠常年在地下活动,其危害性是啃食经济树木的根茎,或者将主、侧根一次或多次逐个咬断,造成秃根,使树体死亡。后者有达乌尔鼠兔、高原鼠兔,它们啃食根颈以上10~20 cm处树皮,常将树皮环剥一圈,严重影响植株正常生长,甚至引起死亡。危害经济林木较重的鼠害还有田鼠、黄鼠等。常于果实成熟前20~30天,上树啃食果实,严重时危害率达3%~6%。

鼠害多发生在文冠果直播造林的情况下。种子刚发芽的幼根容易被老鼠啃食导致苗木死亡,造成缺垄断苗。

（二）害鼠的防治

在制定防治害鼠策略时,应在预测、调查的基础上,针对危害性较大的优势种群,实行综合防治措施。这样,目标集中,措施得当,效果显著。

1. 地下害鼠防治

（1）插洞法。

用 1.5~2.0 cm 直径的铁棍从地面插入洞道后,轻轻旋转退出铁棍,把毒饵从探孔口用药勺投到鼢鼠洞道内,然后用湿土把孔盖严。

（2）切洞法。

用铁锹在鼢鼠洞道上挖一个上大下小的坑,取净洞内的土,判断洞内有鼠时,用一长柄勺将毒饵放入洞内 70~80 cm 深处后,立即用湿土封住切开的洞口。根据经验可单侧或双侧投放毒饵。

（3）切封洞法。

与切洞基本相似,只是开洞 24 h 后在已封洞口的洞道内投放毒饵。目前,较理想的毒饵是 0.005% 溴敌隆小麦或玉米毒饵。用药量每洞 8~10 g。

2. 地面害鼠防治

（1）洞口投毒饵。

在田鼠类经常活动的洞口,将饵料直接放入洞内或洞口旁。一个洞系投放 2~3 个洞口,每洞口投放 3~5 堆,每堆 5 g。

（2）区域投饵。

将毒饵投放到鼠类活动高发区。田鼠、仓鼠在洞系周围 60 m 范围内,沙鼠在 100~150 m 范围内。

（3）定点投饵。

按照一定距离定点放置投饵设施或安放投饵器,按每亩 5~19 个安放。用各种形式的捕鼠器,每亩放 5~10 个。

3. 保护天敌

利用天敌动物是控制、预防鼠害的最佳措施。鼠害的天敌种类繁多。森林中，鼠类的天敌主要有哺乳动物中的狐、鼬类等，鸟类中的隼、鸢、雕、鹄等和爬行类中的蛇等。对于捕食性天敌的利用，首先应控制环境污染，创造一个安全适宜的生存环境并积极引进、保护天敌。

4. 其他防治方法

除上述方法外，还可利用寄生在鼠类体上的螨类等寄生虫来防治害鼠；利用动物、植物、微生物产生的具有一定化学结构和理化性质的毒性物质灭害鼠；利用天敌动物的气味或人工合成的化学物来驱赶害鼠；利用生物技术，人为改变鼠类种群的基因库，使之不足危害或者成为不适应环境的动物。微生物灭鼠虽然有一定的发展前途，但目前只能作为次要手段用于高密度鼠害发生地区，收效慢，但可在较长时间内控制鼠害在较低水平。

二、兔害

（一）危害特点

野兔的食性很杂，随季节的变化，各种植物都可以食用，几乎所有的经济林树种的枝、叶、芽都是其爱好的食物。在夏季一晚上可食各种杂草逾 400 g，冬季食林木枝叶及树皮近 200 g。近年来，由于退耕还林和封山禁牧使生态环境得到改善，野兔数量激增，生长季时，田间各种杂草、菜类、作物等食物丰富，对经济林危害不大。冬季由于食物短缺，尤其在降雪后，常啃食各种经济树木嫩枝及幼树树皮，严重时危害率达 50% 以上，导致建园失败，特别是矮化树及灌木类经济树易受危害。据研究，当 1 hm^2 林地分布 0.5~0.9 只野兔时，在林地周围及地势低洼处，几乎每天可发现足迹，嫩枝被害株率 11%~30%；分布 1.0 只以上时，野兔足迹遍布全园，所有经济林的嫩枝均会受害，偶尔直径 10 cm 以上的主干、大枝也会受害。

文冠果1~3年生幼苗地径小于3 cm时,常发生野兔危害。兔害一般发生在早春2~4月,由于草类植物还没有返青,所以兔子以啃食幼树茎部60 cm以下的树皮为生。如果被啃树皮面积过大或环绕树体一周时,树体水分和营养的运输会受到阻碍,影响树木的正常生长,甚至死亡。

（二）兔害的防治

（1）粘网。

于秋、冬季,先在林地一边架设一种类似粘鸟网的,但网目稍大的尼龙丝网,然后从另外三个方向驱赶野兔。

（2）在野兔经常出没的地方设置各种套阱。

（3）用竹竿、金属网、尼龙网等,以单株树或一定面积围住林地,阻止野兔入内。

（4）树干涂化学驱避剂。

根据兔子有很强的厌烦各种气味的特性,可以配置各种有特殊气味的趋避剂或石硫合剂涂刷树干,达到保护树体的目的。选择化学驱避剂要求对树体无毒,而且能够维持约一个休眠季的效果。目前能够供选的化学驱避剂有福美双剂与沥青乳剂。福美双剂使用时1 kg加水9 L,用油漆刷涂刷主干、大枝,或者用喷雾器全树喷布。福美双剂同时对害鼠有驱避作用。其药效约3个月。沥青乳剂加入2倍的水,较粗糙地全树喷布后,冬季几乎没有野兔危害。

此外,在山西大同,农民通常采用树干涂抹废机油,或者在田埂周围喷施鱼类内脏腐烂过滤的污水等办法来驱赶兔子,效果也非常不错。

第四节　自然灾害及其防治

文冠果经常遭受的自然灾害有冻害、霜冻害、冻旱(抽条)、风害、雹害等。近年来,鸟兽害也对文冠果构成严重的威胁。

一、冻害

冻害是指林木在越冬期间,遇到冰点以下低温或剧烈变温时造成的灾害。表现为树皮形成层变褐,发生的枯死是自上而下的。冻害不仅会影响枝条生长情况,还会严重降低文冠果产籽量,在生产中要给予足够重视。

我国东北、西北和华北北部,由于生长期短,冬季气候严寒,几乎每年都发生不同程度的冻害,甚至一年发生多次,即秋季冻果,冬季冻树、冻枝,春夏季冻芽、冻花。因此在文冠果栽培中必须引起高度重视。

(一)冻害的发生原因

1. 冻害发生的外部原因

(1)秋季气温骤降或多雨。

秋季正处生长向休眠过渡的经济林树木,尚缺乏越冬锻炼,如果寒流侵袭,骤然降温幅度过大,则易造成冻害。这种冻害一般表现为形成层部位首先变褐,全株自上而下冻害依次加重。

(2)冬季低温和低温持续时间过长。

冬季的极端最低温度和低温持续时间过长,是导致冬季冻害的主要因素。冬季低温持续时间过长比极端最低温度的危害更大。

(3)冬季气温骤变。

日较差过大,常使树体冻害。主要症状是干基受冻,干裂以及枝、干或花芽受冻。

(4)冬季的寒风和干旱土壤。

空气湿度低可导致生理干旱,即抽条的危害。

(5)春季气温的回升和干旱。

春季树木解除休眠以后,树体抗寒力降低,所以春季回寒常导致花芽冻害。

2.冻害的内部原因

经济林发生冻害的内部原因非常复杂，它与植物休眠、抗寒锻炼以及植株体内冰晶的形成都有密切关系。

（1）植物因冻致死的一般过程。

过去一般认为是由于树体组织结冰，引起原生质脱水，使细胞死亡。根据这种认识，马克西莫夫提出增加植物体内糖分的积累，借以提高细胞液的浓度。细胞液愈浓，渗透压愈高，细胞内的水分愈不易渗出，因而便可以提高植物的抗寒力。

（2）植物休眠与冻害的关系。

休眠是树体适应不良环境的一种生理状态。休眠期间，由于代谢作用强度降低，细胞原生质和代谢产物发生深刻的变化，呼吸作用减弱，养分消耗减少，因而对不良环境的抵抗力增大。所以一般认为，休眠程度愈深，休眠时间愈长，植物的抗寒力和越冬性愈强。一旦自然休眠结束，转入被迫休眠阶段，抗寒力即会降低。

（3）细胞内结冰假说。

杜曼诺夫等认为植物因冻致死的原因，并不是由于细胞间隙的结冰，而是由于细胞内的结冰。这种解释认为，当气温缓慢下降，细胞内的水分可以自由排出，细胞内不出现冰晶体，则植物不会死亡。如果气温下降太快时，细胞内的水分受细胞质体或细胞膜的影响，不能自由排出，在此基础上继续降温，则出现细胞内结冰，细胞迅速死亡。

（二）不同组织器官抗寒特点及其症状

经济林的抗寒力，因树种、品种、砧木、器官、组织、生育期以及生理状态而异。其中，主要决定于不同树种、品种的遗传特性。同一树种的不同器官及不同生育期对低温的抗御力亦不同。树体不同组织和器官，进入休眠的早晚和接受锻炼的程度各异，在整个树体中，其抗寒力表现为：根部最不抗寒，地上部的抗寒力比地下部强。如葡萄的自根苗，冬季根系常受冻，影响地上部生长。常见的经济林木冻害有花芽冻害、大枝冻害、丫杈冻害、干裂、根颈冻害与干基冻害、根系冻害等。

1. 花芽冻害

花芽比叶芽抗冻力弱,初冬温度急剧下降或早春温度回升后又遇低温最易使花芽受冻。据测腋花芽比顶花芽抗冻力强。花芽中雌蕊最容易受冻。

花芽受冻害,重者内部变为褐色,外部芽鳞松散无光,干缩枯萎,一触即落。轻者花原基受害,导致枝叶早春发育迟缓,新梢细弱,叶呈畸形。在华北地区,文冠果初花时间相对晚于其他蔷薇科的果树1个月,这里气温已经比较稳定,不太容易发生冻害。但是,在山东东营、潍坊等地区,文冠果的花芽一般3月初就开始萌发,这个时候如果遇上"倒春寒",花芽有可能遭遇冻害。

2. 枝条冻死

枝条冻害与枝成熟度有关。凡秋季贪青徒长,停止生长晚,枝条不充实的最易受冻。反之,枝条充分成熟(木质化程度高、含水量减少、细胞液浓度增高、淀粉积累增多和形成层活动减弱为标志)冻害就轻。

冻害发生先是髓部、木质部变成黑色或褐色,以后是皮层变褐,如形成层受冻,枝条就失去了恢复的能力。新梢受冻会自上而下脱水和干缩。

受冻部分变色,主要是淀粉转化为树胶状黑色物或积累单宁充满了导管和筛管。由于导管阻塞,水分运输困难,因此发芽迟缓。

3. 枝杈冻害

一般多发生在分杈处向内侧的一面。主要由于分杈处年轮较窄,木质部导管不发达,上行液流供应不良,营养物质积累少以及抗寒锻炼差所致。

受冻后的症状,有的是皮层变色坏死凹陷,有的是顺主干垂直冻裂造成劈枝,还有的是导管破裂造成春季流胶。

4. 主干冻害

主干冻害多在初冬季节,气温骤然降低,树干皮层组织迅速冷缩,内部木质部产生应力将树皮撑开而形成裂缝。也可由细胞间隙结冰而产生张力造成裂缝。

5. 根颈冻害

根颈是地上部与根系联系的枢纽,停止生长最晚而开始活动最早,成熟度不够,抗寒锻炼差,同时靠近地面易受低温和变温的影响,使皮层受冻。

受冻部位先是皮层变为褐色,以后皮层干枯,可以在根颈一侧,也可能呈环状。受冻皮层用手一扒即脱落,因而有些树种常伴有树皮腐烂。

文冠果是一种极其耐寒的树种,北到大兴安岭地区、北疆地区,甚至高海拔的西藏拉萨地区,都可以栽培文冠果。因此,文冠果的冻害主要是花芽冻害或枝条冻害,而枝杈、主干和根颈部发生冻害的可能性很小。

(三)防御冻害的途径

受冻害的树要晚剪、轻剪,给枝条缓冲恢复期,但是明显受冻枯死部分要及时剪除。

1. 适地适树选择良种

根据经济林区划,选择与当地相适应的树种、品种和砧木,是经济林木栽培成功的关键,千万不可盲目追求新品种而忽视其耐寒性。

2. 加强管理提高树体的抗寒性

浇"冻水"和灌"春水"也能够使树体减轻或避免冻害威胁。根颈培土、涂白、喷防冻剂等方式也是保护树体成功越冬的措施。稻草、草木灰、尼龙薄膜均可覆盖在田地上,减少热量散失,避免冻害。

二、霜冻害

在早秋和晚春,由于冷空气的入侵或辐射冷却,使植物表面以及近地面空气层的温度短时间骤降至 0 ℃以下,使处于生长状态的植物受到伤害或者死亡的一种低温灾害,称之为霜冻。

（一）霜冻对文冠果林的影响

近年来,西北地区霜冻出现频率越来越高,2000~2006 年,宁夏回族自治区 7 年内出现霜冻 5 次,造成数亿元经济损失。由于经济林木在春季对低温抗性较弱,一般情况下,晚霜较早霜具有更大的危害,常常冻死幼芽、花蕾或幼果。早开花的树种,如杏、李最易受害。文冠果开花较迟,一般不容易发生霜冻危害。在花芽膨大期,遇到剧烈降温发生霜冻时,会导致雌雄蕊发育不正常,甚至影响受精和坐果。已经开放的花发生霜冻时,轻者表现为花瓣干枯、脱落;受冻稍重的花丝、花药和雌蕊变成褐色和黑色;重者子房受冻,变成淡褐色,横切面的中央心室和胚珠变成黑色,严重的整个子房皱缩而脱落。幼果期遇霜冻轻者果面留下冻痕,虽然果实能膨大,但往往变成畸形小果;重者幼果停止膨大,变成僵果;严重者果柄冻伤而落果。早霜主要危害未成熟的枝、芽和果实等。

（二）减轻霜冻灾害的综合调控技术

1. 延迟发芽,减轻霜冻危害

（1）春季灌水或喷水。

树体发芽后至开花前灌水或喷水,可明显延缓地温上升的速度,延迟发芽,可推迟花期 2~3 天。

（2）利用腋花芽结果。

文冠果的腋花芽较顶花芽萌发和开花晚,有利于避开晚霜。

2.灌水防霜

水的热容量很大,1 m³ 水降温 1 ℃时,能放出 4 180 kJ 的热量,而同体积的空气降温 1 ℃只能放出 1 400 J。因而灌水后增加了土壤的热容量,并提高了导热能力,使近地表的空气温度提高。灌水的热效应平均可达 3 ℃。

三、冻旱

幼树在早春,枝干出现失水皱皮和干枯现象,称为冻旱,又叫抽条。主要发生在我国东北、西北、华北北部。桃、李、杏、无花果、板栗、核桃、柿、石榴等树种都有发生。文冠果也有类似现象,比如在山西朔州,经过多年试验,最适合栽植文冠果的季节仍然是春季(5月)或夏季(6~7月),秋季栽植文冠果,无论是裸根苗还是容器苗,都容易发生冻旱现象,导致造林失败。

（一）冻旱发生的原因

冻旱指冬季土壤温度低、湿度小,空气干燥,树体地上部分蒸腾失水多于根系供水,造成水分平衡,树体逐渐失水,最终导致树木干枯死亡的现象,表现特征为枝干皱皮、干缩甚至死亡,死亡现象是自下而上的。抽条一般发生在气温回升,干燥多风、午暖还寒的时候。冬天土壤封冻前浇"冻水",春天土壤解冻时灌"春水",并覆盖地膜,能够使树体减轻或免受抽条危害。幼树根系分布浅,未能深入冻土层以下,吸水力差,最易抽条。

（二）防冻旱的途径

选择背风向阳的坡地发展文冠果林,营造防风林带和林网,减小风力,降低蒸腾量。忌种后期需水多的作物,夏秋季控水。喷施植物生长抑制剂,如多效唑、矮壮素、PBO 等,促使新梢及时停长。落叶后进行冬灌,春季树体萌动前灌水。增施有机肥料,树盘深翻熟化,使根系向深层发展。生长后期根外喷肥,增加冬前营养积累。树盘冬季覆草、埋土,早春及早覆盖地膜,以利土壤尽早解冻,促进根系恢复吸水能力。注意秋季防止大青叶蝉上树产卵,减少水分蒸腾量。选栽抗冻旱能力强的树种和品种。春季 1 月中旬至 3 月上旬对不能埋土的幼树喷施 150~200 倍羧甲基纤维素 1~2 次,或对 1 年生枝梢涂抹凡士林等。

四、风害

(一)风害对文冠果林的危害

风害指瞬时风速超过 17 m/s 或 7~8 级风以上,除造成经济林大量落果外,还使树体倒伏、折干、断枝、落叶和果实损伤。大风还加速水分蒸腾,使气孔关闭,光合能力降低,加重旱害,树势衰弱。西北、华北各地近年来频繁发生沙尘暴也常导致柱头失水干燥,花期变短,坐果率下降。挂果后至成熟前有些地方常吹强劲的阵风,可使丰收在望的美景成为泡影。

(二)文冠果林的防风措施

1. 营造防护林

在文冠果园设计规划时,就应根据地形、主风向等,将园地建背风向阳的地段,如果实在无法避免需要在多风地区建园造林,就应该在林地四周和小区间栽种防护林。选用适合当地风土条件的速生树种,并注意乔木与灌木的结合。

2. 设立支柱

文冠果在栽植时或者栽树后 1~2 年内,在主干附近 10 cm 左右处设立一支柱,把树体固定可以防止大风造成树体倒伏;对于刚刚完成高接换头顶文冠果树,更应该在主干周围处设立 1~3 根支柱,并将接穗新梢与支柱绑到一起,避免因为刮风导致嫁接伤口撕裂,导致嫁接失败。

由于文冠果枝条较脆,成年期的文冠果叶应该通过修建,使树体充分通风透光,避免枝叶过于密集,降低坐果率,或导致风折。

3. 降低树体高度

在常有风害的地区,可因地制宜地推广矮化密植栽培或培育灌丛型树形;文冠果通常多是顶芽结果较多,腋芽结果较少。因此,对乔砧文冠果树,修剪时有意识控制树的高度,回缩结果枝组,尽量使结果部位集中在树冠中下部和内膛。

五、雹害

(一)冰雹对文冠果林的危害

冰雹对文冠果林的袭击危害时有发生。其危害主要由冰球冲击造成各器官的机械损害。受雹害后,轻则造成叶片撕裂,果实破损;重则造成落叶、落果,树干皮层损伤,不但当年失去收益,还导致树势衰弱,病害大发生。

(二)文冠果林的防雹措施

根据当地降雹规律,避免在多雹区和"雹线"区内发展文冠果林。根据天气预报结合观察积雨云的变化,在形成雹云前用火炮射击,利用冲击波干扰冰粒增大,提前降落,或者射击催化剂(碘化银或碘化铅弹头),提前降雨。目前国内各主要农业区已设立了气象雷达监测网和火炮射击网点,有效地防止了冰雹的危害。建立防雹网,即在树顶部利用钢管、铅丝、拉线、角柱石、尼龙网等材料,搭尼龙网棚。防雹网有屋脊型和水平型两种形式,要求有一定的坚固性,能耐较大风雨袭击。防雹网的网目应在 10 mm 以下,同时可防鸟和某些虫害。经济林发生雹灾后,应根据具体情况加强管理。为防止枝干病害蔓延,应全园喷 1 次杀菌剂;加强叶面喷肥,及时补充树体营养,恢复树势;结合夏季修剪,剪去受伤严重的枝梢。

六、日灼

（一）日灼的概念及表现

日灼指由于强烈的日光辐射增温引起的树体器官或者组织的灼伤现象，又称日烧或灼伤。日灼可发生在夏季和冬季两个时期。夏季日灼常在高温、干旱天气条件下发生。受害部位主要是树冠外围果实与骨干枝背上皮层。受害果实在阳面出现淡紫色或浅褐色的干陷斑，后期往往在病斑中心出现裂缝，失去经济价值。枝干日灼表现为局部出现暗红色下陷，严重时大范围皮层裂开，露出木质部使树势衰弱。文冠果是强阳性树种，一般不容易发生日灼，但是仍然需要采取一些措施，避免日灼现象发生。

（二）日灼的预防

1.合理灌溉

灌水可以有效地预防夏季枝干、果实发生日灼。在容易发生日灼的地区，应防止盛夏期树体缺水。有条件时可建设喷灌设施，于盛夏中午适当喷灌，具有预防日灼和减缓叶光合"午休"现象的功能。

2.枝干涂白

涂白后可加大阳光反射，缓和树皮向阳面温度的剧烈变化，有效地预防夏、冬两季的枝干日灼。涂白剂有多种配方，简易配方为生石灰6份、食盐1份、水20份混合。

3.合理修剪

在文冠果树的冬、夏季的修剪中，注意树冠内枝组均匀合理分布，防止骨干枝光秃。在树冠外围向阳的果实附近适当保留叶片。

参考文献

[1] 徐东翔,于华忠,乌志颜,等.文冠果生物学 [M].北京:科学出版社,2010.

[2] 李博生.文冠果丰产栽培实用技术 [M].北京:中国林业出版社,2010.

[3] 徐东翔.文冠果研究与实践 [M].赤峰:内蒙古科学技术出版社,2008.

[4] 王永,赵振利,马晓,等.园林树木及栽培养护 上 [M].北京:中国轻工业出版社,2014.

[5] 李月华,石爱平,付军.园林绿化实用技术 [M].2 版.北京:化学工业出版社,2015.

[6] 赵和文.园林树木选择·栽植·养护 [M].北京:化学工业出版社,2009.

[7] 张天柱.果树高效栽培技术 [M].北京:中国轻工业出版社,2013.

[8] 赵和文.园林树木选择·栽植·养护 [M].2 版.北京:化学工业出版社,2014.

[9] 冯莎莎.园林植物养护修剪 10 日通 [M]北京:化学工业出版社,2015.

[10] 杨凤军,景艳莉,王洪义.园林树木栽培与养护管理 [M].哈尔滨:哈尔滨工程大学出版社,2015.

[11] 张祖荣.园林树木栽培学 [M].上海:上海交通大学出版社,

2017.

[12] 周余华 . 园林植物栽培 [M]. 南京：江苏科学技术出版社,2008.

[13] 张秀英 . 园林树木栽培养护学 [M].2 版 . 北京：高等教育出版社,2012.

[14] 胡芳名,谭晓风,刘惠民 . 中国主要经济树种栽培与利用 [M]. 北京：中国林业出版社,2006.

[15] 刘晓东,李强 . 园林树木栽培养护学 [M]. 北京：化学工业出版社,2013.

[16] 敖妍 . 文冠果实用栽培技术 [M]. 北京：中国林业出版社,2021.

[17] 内蒙古农牧学院林学系 . 文冠果 [M]. 呼和浩特：内蒙古人民出版社,1977.

[18] 郝一男,丁立军,张晓涛,等 . 文冠果制备生物柴油技术 [M]. 北京：科学出版社,2018.

[19] 郝一男,王喜明 . 文冠果活性炭的制备与应用研究 [M]. 长春：吉林大学出版社,2020.

[20] 王志新,赵彤堂,叶雅玲,等 . 文冠果林栽培技术 [M]. 长春：吉林科学技术出版社,2009.

[21] 阮成江,杨长文,冉秦 . 文冠果丰产栽培管理技术 [M]. 宁夏：阳光出版社,2021.

[22] 徐东翔 . 文冠果丰产生理学问题 [D]. 呼和浩特：内蒙古林学院,1986.

[23] 侯元凯,杨超伟 . 文冠果种实性状与引种栽培研究 [M]. 北京：中国农业出版社,2013.

[24] 张国林 . 文冠果育苗及栽植管理技术 [J]. 林业勘查设计,2022,51（3）：56-58.

[25] 张霞 . 文冠果的特征特性及栽培技术 [J]. 农业科技通讯,2018（8）：368-370.

[26] 刘智会 . 探析园林绿化树木低温冻害的防治措施 [C]// 中国风景园林学会植物保护专业委员会第二十七次学术研讨会,2018.

[27] 高雷,缪丽莉 . 园林绿化树木低温冻害的防治和处理措施的探析 [J]. 黑龙江科学,2014,5（8）：55.

[28] 林兴 . 文冠果育苗及栽培管理技术 [J]. 农村实用技术,2007（6）：40.

[29] 刘坤,任余艳,王志刚,等.文冠果实生种子园营建技术——以鄂尔多斯市文冠果种子园建设为例 [J].种子,2015,34（11）:129-132.

[30] 徐秀琴.文冠果造林及管理技术初探 [J].现代园艺,2013（24）:29.

[31] 任余艳,刘朝霞,严喜斌.文冠果丰产栽培技术及开发利用前景 [J].耕作与栽培,2020,40（01）:32-35.

[32] 董桂平,吴建平.广灵县文冠果发展探索 [J].农技服务,2011,28（7）:1078-1079.

[33] 李国双.文冠果的病虫害防治技术 [J].绿色科技,2018（23）:88-89.

[34] 谢斌,李联队,任博文,等.不同产地文冠果播种育苗试验 [J].农业与技术,2020,40（7）:67-69.

[35] 赵国生.沙荒地文冠果播种育苗技术试验研究 [J].防护林科技,2014（11）:4-6.

[36] 刘建海.张掖市北部荒漠区文冠果大田播种育苗试验 [J].防护林科技,2012（1）:33-35.

[37] 赵国生,李小燕,刘建海,等.文冠果幼树沙荒地施肥效果试验研究 [J].林业科技通讯,2018（8）:65-67.

[38] 尧攀,王久照,姜继元,等.文冠果幼树树形培养及花序调控效果 [J].新疆农业科学,2021,58（6）:1095-1105.

[39] 吴尚,马履一,段劼,等.文冠果花期和果期内源激素的动态变化规律 [J].西北农林科技大学学报(自然科学版),2017,45（4）:111-118.

[40] 范菊萍,王顺利,范永军,等.文冠果育苗及幼树栽植管理对策分析 [J].现代农业研究,2022,28（4）:90-92.

[41] 张士文.文冠果育苗及幼树栽植管理 [J].果农之友,2019（7）:14-16.

[42] 吕德新,郭晓英,敖鹏义.浅谈文冠果育苗及栽植技术 [J].农家致富顾问,2014（20）:7.

[43] 周祎鸣,张莹,田晓华,等.基于积温的文冠果开花物候期预测模型的构建 [J].北京林业大学学报,2019,41（6）:62-74.

[44] 王俊杰,乔鑫,徐红江,等."金冠霞帔"文冠果种实性状可塑性 [J].生态学杂志,2019,38（2）:476-485.

[45] 敖妍,马履一,苏淑钗,等.观赏用文冠果新品种'妍华'[J].园艺学报,2018,45（11）：2269-2270.

[46] 张东旭,敖妍,马履一.山西省文冠果的栽培历史及研究现状[J].北方园艺,2014（9）：192-195.

[47] 王可心,敖妍,张党权,等.文冠果雌蕊败育机理研究进展[J].植物生理学报,2021,57（8）：1617-1624.

[48] 张洪梅,周泉城.文冠果壳开发利用研究进展[J].中国粮油学报,2012,27（11）：118-121.

[49] 刘金凤,张行杰.东营盐碱地区文冠果不同种源适应性研究[J].山东林业科技,2015,45（5）：52-55.

[50] Wang Q, Yang L, Ranjitkar S, et al. Distribution and in situ conservation of a relic Chinese oil woody species *Xanthoceras sorbifolium*（yellowhorn）[J].CANADIAN JOURNAL OF FOREST RESEARCH,2017,47（11）:1450-1456.

[51] 张东旭,张永芳,刘文英,等.山西省文冠果种质资源的生态区划研究[J].北方园艺,2014（20）：80-85.